AF357447

DES

BASES ALIMENTAIRES,

ET DE

LA POMME-DE-TERRE.

DES
BASES ALIMENTAIRES,

ET DE

LA POMME-DE-TERRE

Amenée à cet état d'après les nombreuses appropriations qu'elle reçoit de sa conversion en une farine inaltérable et susceptible de doubler, ainsi que d'améliorer la masse panaire des céréales;

OUVRAGE QUI INTÉRESSE TOUTES LES BRANCHES DE L'ECONOMIE ALIMENTAIRE.

PAR A.-A. CADET-DE-VAUX,

De l'Académie Impériale des Curieux de la Nature, de l'Académie Royale des Sciences de Madrid, Correspondant de celle de Munich, Membre de diverses Académies et Sociétés Savantes et Agricoles de France.

———————

A PARIS,

CHEZ D. COLAS, IMPRIMEUR-LIBRAIRE,

Rue du Vieux-Colombier, N° 26, faub. St-Germain.

1813.

INTRODUCTION.

Dans les tems d'abondance, l'ami de l'économie n'est point entendu sur les moyens de parer aux disettes ; et dans les tems de disette, il ne l'est guères plus, parce que le découragement hésite alors à accueillir toute recherche dont l'efficacité ne lui est pas démontrée (1).

Mais à la suite de l'inquiétude assez générale qui vient de régner sur les subsistances, et que la sollicitude du Gouvernement a calmée, le moment est opportun pour indiquer les heureux moyens que l'économie, cette providence des Empires, offre pour assurer à l'avenir la subsistance publique.

Des propositions aussi fastueuses seraient impardonnables, si elles n'étaient pas fondées sur des expériences importantes ; car, tout en plaidant la cause de l'humanité, on ne doit pas s'abandonner à un zèle indiscret.

Tout malheur qu'on peut prévenir cesse d'exister, et la foudre n'est plus à craindre pour l'habitation armée du paratonnerre ; il en sera ainsi du sage économe qui adoptera ces moyens : la famine, à plus forte raison la simple disette, se trouveront pour toujours écartées de sa maison. Elles pourront régner ailleurs ; mais ni sa famille, ni ses serviteurs, ni ses animaux domestiques n'auront à redouter ces fléaux, dont on a souvent aussi à accuser la nature.

Il y a plus : sa famille s'accroîtra du nombre d'indigens qui l'environnent et qu'il fera participer à ses approvisionnemens ; car il aura son grenier d'abondance, comme à Lacédémone, où, d'après les lois de Lycurgue, chaque curie, ce qui répondait à nos communes, avait son grenier public dont les provisions, au besoin, se distribuaient à tous ; en sorte que la subsistance du citoyen était une affaire de ménage et non d'administration publique ; car, pourquoi le Gouvernement se chargerait-il de la procuration de l'économie domestique pour surveiller à la nourriture de tous ? Qu'il pourvoye à celle de ses armées, de sa marine et de ses institutions de bienfaisance ; mais que pour le surplus de la population de l'Empire, ce soit à la prévoyance des familles à s'en occuper.

Ces sources d'une prospérité nouvelle, la pomme-de-terre va les ouvrir. Si déjà en Europe et , à nombre d'époques , en Irlande , la famine s'est trouvée allégée par ce riche présent que le Nouveau-Monde a fait à l'ancien , combien l'art ne va-t-il pas rendre ce présent plus inestimable encore d'après l'immensité de ressources alimentaires que la pomme - de - terre peut désormais procurer !

On verra combien est simple et facile à opérer cette révolution , laquelle embrasse , disonsnous , la nourriture de l'homme et des animaux. Il ne doit plus exister que du pain d'excellente qualité , même les pains d'orge et de sarrasin , par l'association de ces farines avec les nouveaux produits que nous allons obtenir de la pomme-de-terre , *et ces pains ne peuvent jamais excéder le prix de* DEUX SOLS LA LIVRE : dès lors on n'a plus à redouter ni famine , ni disette ; car ces mots ont une acception relative. Il n'y a ni famine ni disette , quelqu'élevé que soit le prix du pain , pour l'aisance qui peut le payer ; mais elles existent réellement pour celui qui ne peut atteindre à ce prix.

Toute idée nouvelle , sur-tout quand elle embrasse d'aussi grands intérêts , exige des développemens ; c'est le seul moyen de prévenir les objections ; nous allons conséquemment passer à des considérations générales sur le régime alimentaire des hommes.

---

(1) Il y a deux ans que j'insérai dans le *Journal d'Economie rurale et domestique*, une lettre de M. Boitias, adjudant au corps impérial du génie ; cet officier m'adressait le double produit que, par l'action de la râpe, on obtient de la pomme-de-terre, savoir la *fécule* et le *parenchyme* ; ce parenchyme, que l'économie recueillait ou même ne recueillait pas pour la nourriture des animaux, M. Boitias l'a étendu à l'économie alimentaire de l'homme ; et indique même le mélange qu'on peut en faire avec les céréales. Mais en établissant à *sept sols la livre* le prix de ce parenchyme, c'était en paralyser l'emploi comme extension panaire.

Dans mes observations sur cette correspondance, je n'ai pu qu'applaudir aux vues de l'auteur ; et j'ai fixé l'opinion sur ce parenchyme, si peu connu qu'on le rejette dans nos fabriques en grand de fécule ; je terminais par dire : « combien il serait à désirer que quelques bons économes, habitués à venir au secours de l'indigence, se chargeassent, à l'époque de la récolte prochaine de pomme-de-terre, de réaliser cette expérience dont le succès n'est pas problématique ! » Il a fallu les circonstances actuelles pour me rappeler ce germe que j'avais déposé et que je confiais à d'autres le soin de développer ; mais remplissant une mission du Gouvernement, la saison, à mon retour, s'est trouvée trop avancée, pour que ces moyens, qui d'ailleurs exigeaient des expériences suivies, pussent profiter à l'économie ; en outre la pomme-de-terre se consommait en nature ; il a donc fallu se borner pour cette année à constater les heureux résultats qui doivent écarter tout doute sur les ressources sans nombre que l'adoption de ces procédés offre pour l'avenir. Aujourd'hui je les présente revêtus de l'autorité de la théorie, des analogies, des faits et des calculs, ce qui doit éloigner toute objection ; d'ailleurs, quand un procédé est destiné à devenir populaire, quand il embrasse l'intérêt privé et l'intérêt général, il a bientôt reçu une sanction publique.

Mon seul regret est de n'avoir pas pu proclamer plus tôt ces résultats ; ce qui eût nécessairement déterminé l'extension de culture de la pomme-de-terre.

MOYENS

DE

PRÉVENIR LE RETOUR

DES DISETTES.

CHAPITRE PREMIER.

CONSIDÉRATIONS

SUR LES DIFFÉRENCES ET L'INSUFFISANCE DU RÉGIME
ALIMENTAIRE DE L'HOMME.

Débutons par quelques réflexions sur les vices
du régime alimentaire de l'espèce humaine.

Dans chaque contrée, l'homme s'en tient irré-
vocablement à la base alimentaire que ses pères
lui ont laissée : bonne ou mauvaise , elle est
pour lui une base exclusive ; c'est ainsi que le

Groënlandais demeure fidele à son huile de poisson , dont l'odeur révolte ; que doit-ce être de
sa saveur ? c'est cependant le mets que l'hospitalité de ces peuples offre au voyageur !

Comment concevoir que des nations entières
n'aient pas cherché à s'assurer un régime nutritif tout à - la - fois agréable et salutaire ? Car ,
combien de peuplades doivent leur dégénéra-
tion physique à la qualité de leur aliment habituel ! Le voyageur peut , à l'aspect des habitans
du village qu'il traverse , prononcer sur le régime alimentaire ; leur teint annonce s'ils sont mal
nourris ; la chute des dents prouve que l'eau de
la boisson est mal-saine , de même que la seule
inspection du territoire dit si l'on y respire un
air salubre ou non.

L'empire de l'habitude est tel que l'empire de
la faim n'a pu le vaincre ; car c'est de faim que
l'homme meurt souvent , lorsque le animaux
de toute espèce trouvent à s'alimenter dans la
région de l'air , des eaux , à la surface de la
terre et à plus ou moins de profondeur de cette
même surface.

En effet , nombre de plantes diverses , et
toutes nutritives, couvrent les prairies naturelles.

Dix espèces de prairies artificielles sont affec-
tées à l'animal domestique , et elles pourraient
s'accroître de dix autres encore.

Il existe aussi des prairies annuelles de légumineuses, pois, vesces, lentilles, etc.

Enfin, un dernier ordre de prairies destinées à être consommées en vert, ce sont les potagères; les feuilles de chicorée, de navet, de betterave, auxquelles on associe par fois celle de pomme-de-terre ; car, seule, il y a peu d'animaux qui l'appètent.

La récolte de ces mêmes prairies naturelles, artificielles et légumineuses, fauchées et fannées, fournit l'aliment de toutes les saisons.

Il n'y a pas jusqu'aux jeunes branchages d'arbres qu'on ne recueille et que le mouton ne broute, lorsque la terre ne lui offre plus de pâturages.

Les racines des potagères, le turneps, la betterave, la pomme-de-terre font partie de la nourriture d'hiver, ainsi que la carotte, le topinambour, l'un et l'autre si productifs.

Telle est la profusion et la diversité de l'aliment des herbivores.

Les granivores jouissent d'une égale prodigalité de graines farineuses et oléagineuses. C'est leur base alimentaire ; et l'homme n'en a pas fait une pour lui de ces mêmes graines, pois, lentilles, fèves qui font de très-bons alimens, lorsqu'elles font de détestable pain ; mais, comme si l'homme n'avait pour but que de dénaturer les dons de la nature, il a essayé, dans les tems de disette, à convertir en pains les graines farineuses; les animaux mêmes ne veulent pas manger de ce pain dans lequel entre le haricot.

Le serin a son millet, son plantain, son mouron ; et tel homme n'a que son sarrazin, ou sa pomme-de-terre, ou sa châtaigne.

Au défaut d'orge et d'avoine, la paille des graminées, entière ou hachée, devient une nourriture bonne et saine pour le cheval, le bœuf, ainsi que les racines potagères coupées, mais surtout cuites, quand il s'agit de l'engrais du bétail.

Quant à l'homme, il n'a point su se faire un régime alimentaire, je ne dis pas le plus sain, le plus agréable aux sens, mais enfin le plus propre à écarter de lui la famine. Cependant l'homme est *omnivore* ; la surface de la terre, il la partage avec les animaux ; il a son industrie, laquelle n'a pu suppléer à cet instinct de la bête que son goût conduit au choix des substances le plus en harmonie avec ses besoins et sa constitution physique.

Aussi l'animal ne s'empoisonne-t-il pas avec les champignons : trompé par la saveur sucrée de la semence du baguenaudier (*colutea arborescens*), qui a tous les caractères du poison, il ne la mange pas au lieu de petit pois dont cette

semence a réellement le goût. Mais aussi combien sont riches les appareils nerveux des sens
des animaux , en comparaison des nôtres ! En
sorte que la raison , dont l'homme s'enorgueillit
tant , devient une bien faible indemnité de cette
moindre énergie , de ce silence absolu de ses
sens , quand il s'agit de satisfaire au premier
des besoins , sa subsistance , et de ne point errer
sur le choix de l'aliment ou du poison.

Mais jettons un coup-d'œil rapide , car l'histoire en serait trop longue , sur le régime alimentaire de l'homme à la naissance des sociétés.

Le cheval , le taureau , le mouton , en naissant , ont brouté.

Les granivores ont trouvé la terre jonchée
de graines; car la nature est prodigue de germes , quoique parfois avare de reproduction.

Les carnivores ont trouvé d'autres animaux
pour se nourrir; et il ne s'est pas formé dans
cette espèce , comme dans la nôtre , de secte
pythagoricienne qui trompât la nature; car c'est
de chair aussi que l'homme doit vivre.

L'homme a commencé par le gland , qui , suc-
culent dans les contrées méridionales , est bien
austère dans les contrées des Germains , des
Gaulois et des Francs , nos aïeux ; cet aliment ,
il le partageait ou même il le disputait au san-
glier. Les lichens farineux qui se forment sur

l'écorce des arbres, c'est l'animal qui les a également indiqués à l'homme.

Le marron d'Inde est la châtaigne du cheval (*hippocastaneus*), l'homme en a essayé, sans se douter qu'on pût dégager de l'extractif amer et astringent de ce fruit, son amidon, qui est en effet très-nourrissant. La nature a voulu que les plantes vénéneuses viussent sans culture ; il y a plus, la culture n'obtient pas de racines nutritives aussi volumineuses que le sont celles de ces mêmes plantes, et l'homme qui croit être l'objet unique de la création, leur suppose encore de grandes vertus, qu'il étudie tout en s'empoisonnant.

En effet, nos matières médicales offrent un assez bon nombre de ces végétaux vénéneux qui figurent tour-à-tour comme spécifiques.

L'homme a donc dû s'empoisonner, lorsque la faim l'a forcé à chercher un aliment dans les racines si productives de l'arum, de la bryonne, enfin du manioc, dans les sucs âcres ou vénéneux desquels circule la substance amylacée si éminemment nutritive. Combien de tems s'est écoulé avant qu'il soit parvenu à séparer du suc de manioc cet amidon connu sous le nom de *cassave !*

Cependant il existait des racines nutritives, pouvant, à la rigueur, se manger crues ; les oignons, nourriture dont les Israélites usèrent en Egypte, et qu'ils regrettèrent si vivement ; tant on aime les mets de son enfance !

Il existait principalement des racines sucrées, la carotte, le navet, la betterave, etc. ; mais c'est assez récemment qu'on a mis ces racines en grande culture; encore était-ce pour la nourriture des animaux : car l'homme ne s'était pas d'abord imaginé de se les approprier pour la sienne.

Il y a des contrées où l'on traverse des propriétés d'une grande étendue, bien cultivées d'ailleurs ; et cependant de cinq cents arpens, il n'y en a pas un de consacré à la culture potagère, à cette culture intéressante qui paie chaque jour son tribut à l'économie domestique.

Les haies sont remplies de sauvageons, ne donnant pas ou ne donnant que de mauvais fruits, et préjudiciables à l'enfance; si l'on trouve dans les champs quelques arbres, ils sont disséminés par le hasard, et le propriétaire ne les greffe pas ; mais on ne voit point de vergers (1)! Il n'en est point ainsi de nos contrées septentrionales, où l'homme a su varier sa nourriture; en effet, il y vit de plantes potagères succulentes, les choux, les salsifis, etc. ; de racines sucrées, la carotte, le panais, etc. d'herbages cuits ou en salades, de légumes farineux, de compottes de fruits , de gruaux , de pâtes ; le pain n'est pour lui qu'accessoire , et encore c'est du pain de seigle ou d'orge ; celui de froment est à-peu-près de luxe. Les choux, dont les plaines sont couvertes , viennent à l'automne couvrir les marchés , pour être convertis en choucroute , et sous cette forme ils sont en quelque sorte base alimentaire. On sait d'ailleurs , dans ces pays conserver ces substances diverses ; les champs offrent à l'œil une multiplicité de monticules qui en sont les fidèles dépositaires ; de sorte que le sein de la terre conserve ce que sa surface a produit. Ainsi donc l'habitant des régions situées au nord, de même que le mulot, fait ses provisions , tandis que , dans tant d'autres contrées, c'est au jour le jour qu'on se pourvoit.

Enfin, et il en était tems pour cette pauvre espèce humaine si mal alimentée ! Cérès lui apporta le blé ; aussi la reconnaissance la mit-elle au rang des divinités, non de la terre qu'elle fécondait, mais de l'Olympe.

Isis en Egypte avait été également déifiée ; car c'est dans les mains de la femme que la mythologie a déposé le sceptre de l'économie , comme c'est à ce sexe qu'elle a confié la conservation de notre espèce ; OEnone fut le premier médecin.

Voyons quel usage l'homme, dans les premiers tems, a fait de ce présent des dieux, et on s'étonnera de l'inconcevable lenteur des progrès de l'art qui devait faire du blé un aliment aussi savoureux et aussi salutaire que le pain l'est devenu; car ce n'est pas avec ce double caractère que le blé a débuté.

On voit par là que si la nature emploie beaucoup de tems pour perfectionner ses œuvres, il en faut bien plus à l'industrie de l'homme !

Ce début aura été, aux approches de la récolte, de manger le blé encore laiteux, à l'instar des oiseaux; et, dans cet état, il est préjudiciable à la santé; mangé aussitôt que récolté, il ne l'est guère moins; et des épidémies auront éclairé, mais bien inutilement, sur la nécessité de la maturité parfaite de tout grain sur pied, et de plus d'une maturité secondaire à la grange ou en meule. Les anciens savaient combien le froment s'améliorait dans sa bâle, et combien il gagne en même tems en poids, lorsqu'emmeulé *il présente son épi au vent du nord*. Ils ignoraient ce qu'est l'oxigène, un des élémens de l'air, mais ils en connaissaient les effets.

Aussi, lorsqu'on est réduit à attendre la récolte pour subsister, et c'est ce qui arrive fréquemment au petit cultivateur, il est essentiel d'exposer les céréales à la vive ardeur du soleil, à la chaleur de l'étuve, ou simplement du four, pour opérer la combinaison des principes alimentaires, à laquelle la tourmente de la végétation a mis obstacle; voilà ce qu'il faut proclamer à haute voix dans les villages pour que la récence de l'aliment ne le rende pas nuisible à la santé. Qui le proclamera? Ce sera le Gouvernement. (2).

Enfin, on imagina la torréfaction du blé, qui devait en faire un aliment plus salutaire, et l'on divinisa les hommes auxquels on doit le bienfait de cette préparation. Alors on institua les céréales, fêtes que, par une singularité toute particulière, on accompagnait de l'abstinence, lorsque celles de plusieurs autres divinités, et entr'autres les bacchanales, se célébraient par des orgies.

Le grain torréfié, on le broyait pour le manger en bouillie, en gâteau ou bien en pain azyme désigné sous le nom de *libum*, et dont on faisait offrande aux Dieux dans les sacrifices; quoique aussi peu savoureux qu'il est indigeste, c'était de ce pain que les prêtres nourrissaient leurs valets; aussi s'en dégoûtaient-ils promptement, et au point de s'enfuir du temple pour aller ailleurs chercher du pain noir qu'ils trouvaient cent fois meilleur.

Mais c'est à la fermentation qu'il était réservé

de convertir le froment en un aliment qui le plaçât au premier rang des bases alimentaires panifiables ; car le *libum* n'était pas du pain.

D'après cela, il est permis de se demander, est-ce vraiment le blé, si peu approprié à la constitution de l'homme, que même on hésite à en donner la farine aux enfans, est-ce bien cette céréale que la nature a choisie comme base alimentaire pour l'espèce humaine ?

C'est l'industrie de l'homme qui, suppléant au vice de l'aliment, lui a seule, avec le tems, imprimé ce caractère.

Nous disons avec le tems ; car voici déjà quelques siècles d'écoulés depuis l'époque de son origine, et il va s'en écouler bien plus encore, avant que l'art de préparer le pain soit parvenu à sa perfection ; en sorte que le blé, la première des bases alimentaires panifiables, est resté, pendant un très-long intervalle, base alimentaire non panifiable.

Cependant, la musique, la danse, la peinture, la sculpture, l'architecture, mais sur-tout la poésie, et peut-être l'éloquence plus tardive, avaient fait en Grèce les plus grands progrès ; cette terre classique avait un *Homère*, un *Pindare*, un *Apelle*, un *Phidias*, et pas de pain ! elle avait des philosophes et pas de boulangers ! lorsqu'enfin le froment y fut soumis à la fer-

mentation panaire, qui seule constitue cet aliment bon et salutaire.

Les Romains, chez lesquels les arts arrivèrent
assez tard des contrées orientales, reçurent
celui de la panification des Grecs qui l'avaient
eux-mêmes reçu de l'Egypte, cet antique ber-
ceau de la philosophie, des religions, des arts
et des sciences. Mais à quelle époque ? Ce fut
vers l'an 580 de la fondation de Rome.

Ce sont des affranchis et non des esclaves
qu'on incorpora avec les premiers boulangers
grecs qui vinrent s'établir à Rome. On peut juger
de l'importance que les Romains attachèrent à
cette profession, par la considération qu'ils lui
accordèrent ; les boulangers devinrent un corps
dans l'Etat, il leur fut donné des priviléges et
des exemptions ; on ne voulut pas qu'ils se mé-
salliassent en épousant des filles de gladiateurs
ou d'autres professions également peu honorées.

Voici donc le froment, ou plutôt les céréales,
le seigle et l'orge devenus bases alimentaires
en Europe ; car tous les sols ne conviennent
pas au froment, lui qui se plaît à-peu-près
dans tous les climats même les plus septentrio-
naux.

Cependant trente ou quarante siècles se seront
écoulés depuis l'adoption du blé jusqu'à l'époque
du perfectionnement de l'art de moudre ; on

se rappelle que ce fut seulement vers le milieu du siècle dernier que *Malouin* révéla en France le secret de la mouture économique qui en est la perfection. Peu de mots donneront une idée de cette mouture.

Cet art si simple consiste à obtenir, d'un premier moulage, par le moyen d'étoffes diverses dont se compose le blutoir, les produits distincts et séparés des grains, je veux dire la fleur de farine et les gruaux. On remoud ces derniers qui font la farine la plus belle, la plus savoureuse et la plus nourrissante ; ce sont là les produits que la mouture rustique confond avec les sons, recoupes, etc. ; abandonnant ainsi à la nourriture des animaux, une partie de ce que le froment contient de plus riche ; aussi est-ce un cinquième de pain que donne en moins cette mouture rustique.

Ajouterons-nous que le pain si blanc des grandes villes provient de la mouture économique, et que le pain si bis des campagnes provient de la mouture rustique ? Toutefois ce pain du campagnard lui revient plus cher que celui du citadin ; dès-lors, comment concevoir que sur la totalité des farines qui se consomment en France, il n'y en a peut-être pas un sixième qui provienne de la mouture économique ? Encore de ces cinq sixièmes, y en a-t-il un cinquième de perdu pour la subsistance de l'homme; tant il est vrai que les meilleures choses sont toujours les dernières à être adoptées.

Ce qu'on vient de dire sur cette longue enfance de la mouture est applicable à la boulangerie, art que M. *Parmentier* a reçu encore informe des mains de *Malouin*, et auquel il a apposé le cachet de la perfection; art dont je lui dois de m'avoir ouvert la carrière; ce qui m'a facilité les moyens de faire d'heureuses applications de ce perfectionnement à l'économie publique, dans la fabrication du pain des prisons, des hôpitaux et des villes où j'ai eu à remplir des missions relatives à l'un et à l'autre de ces deux arts, la mouture et la boulangerie. M'occuper aujourd'hui du pain, c'est rentrer dans notre commun domaine.

Ainsi donc les beaux siècles des sciences et des arts en Grèce, à Rome, n'en exceptons pas la France, étaient des véritables siècles de barbarie pour les arts de première nécessité, tandis que les arts libéraux étaient portés au plus haut degré. De tout tems, même de nos jours, on a négligé ces vieux arts imparfaits, pendant que les arts futiles prennent, au moment de leur naissance, le développement le plus rapide; comme si la plus noble application des sciences n'était pas tout ce qui est bon et utile!

Enfin, la pomme-de-terre s'est présentée, et à une distance très-respectueuse du blé, quoique destinée à marcher un jour à ses côtés, puisqu'il était réservé à ces tubercules de sauver l'espèce humaine, ainsi que les animaux, des disettes que parfois on éprouve des céréales et des fourrages.

Toutefois il en aura été de la pomme-de-terre comme du gland, comme du froment lui-même dont l'homme a débuté par faire usage dans le seul état où la nature les a offerts, et il lui aura fallu un siècle avant qu'on en ait tenté les appropriations qu'elle va recevoir dans cet ouvrage, et que nulle autre base alimentaire ne partage avec elle.

On ne l'a pas, il est vrai, mangée crue, parce qu'elle répugne à l'odorat et au goût, les deux sens précurseurs de l'appétit.

On l'a donc fait cuire, et elle est devenue aliment, toutefois sans avoir le caractère qui distingue les bases alimentaires.

Sa durée n'est que de quelques mois, et la prolonger de quelques semaines encore, c'est tout ce que l'économie a pu obtenir. Mais, objectera-t-on, dans cet état elle a combattu les disettes, et même en Irlande et en Ecosse elle a combattu la famine. Oui, mais cela se réduit, peut-on répondre, *à une campagne d'hiver:*

tandis que devenue base alimentaire tout à-la-fois non-panifiable et panifiable, susceptible de conservation, justifiant enfin le titre de ce mémoire, elle va prendre dans les ressources alimentaires de l'homme une place telle que la rareté des céréales, l'intempérie des saisons, et la cupidité qui sait tirer un parti si avantageux des calamités publiques, n'exposeront pas à la plus légère inquiétude sur la subsistance privée et publique. Or, comme la voilà désormais armée contre la disette, la famine et les spéculations criminelles qui ajoutent à ce fléau, on peut lui appliquer cet adage, que *pour vouloir faire la paix, il faut être prêt à faire la guerre.*

NOTES.

(1) Au moins dans quelques provinces, telle que la Normandie, les possessions sont entourées de pommiers dont le produit, dans les bonnes années, acquitte la rente de la terre et procure à l'habitant une boisson spiritueuse. Mais c'est principalement dans le nord de la France que se multiplient les arbres à fruits ; ici le merisier favorise une branche de jouissance, d'industrie et de commerce par le kirschen-wasser qu'on en obtient ; là, ce sont de véritables vergers qui procurent une grande abondance de fruits destinés à s'écouler dans des cercles très-étendus où l'on néglige cette culture, qui y réussirait également ; tandis que dans d'autres contrées on ne trouve pour tout verger que quelques arbres venus d'un pepin, d'un noyau. Si par hasard on l'a greffé, le pied est entouré d'un buisson épais de rejets qui s'élèvent des racines ; la tige se garnit de pousses ; la greffe est surmontée par les rameaux du sujet ; en sorte que la sève s'épuise, et cela se voit dans de petites propriétés, d'ailleurs très-bien cultivées. Les prés St.-Gervais, ainsi que notre vallée de Montmorenci, offrent un spectacle tout autre que cette nudité des campagnes ; mais rarement le paysan sait dépenser dix sols pour se procurer un arbre à fruit.

Aussi pour remédier à cette indigence volontaire d'arbres à fruits, ai-je proposé, dans mes *Observations sur la sécheresse* (dont l'absence des grands végétaux devient une des causes principales), ai-je proposé, dis-je, des *pépinières préfecturales et communales*, plantées d'un bon choix d'arbres à fruits, pour être distribués aux habitans des communes qui tous concourraient aux soins que demande la pépinière ; par ce moyen le petit propriétaire se trouvera forcé de planter le nombre d'arbres qui lui revient eu proportion de la quantité de terrain qu'il possède ; par ce moyen tout un département se trouvera planté de bons arbres à fruit, dans un espace de dix à quinze ans. Cette institution que j'avais provoquée, a été réalisée dans le département du Haut-Rhin, par les soins de son préfet, un des amis de l'agriculture. On a recueilli dans le *Journal d'Économie rurale et domestique*, ouvrage périodique pour lequel on souscrit chez *D. Colas*, imprimeur-libraire, rue du Vieux-Colombier, n° 26, des notions intéressantes sur l'établissement des pépinières préfecturales et communales.

(2) En effet, S. Ex. M. le comte de Sussy, ministre des arts et manufactures, frappé des accidens qui pouvaient résulter de la panification des céréales nouvellement récoltées, m'a chargé de rédiger une note sur le moyen de prévenir les inconvéniens de leur emploi prématuré.

Ce moyen si simple, puisqu'il se borne à la dessiccation préalable des grains, a été publié dans les journaux par ordre du ministre; mais j'ai cru devoir donner, dans cet article-ci, plus de développemens à l'objet dont il s'agit.

INSTRUCTION *sur la dessiccation des céréales nouvellement récoltées.*

Cette instruction pourrait, à la rigueur, se réduire à la simple énonciation de son titre; c'est le précepte: mais il importe d'y joindre des principes pour éclairer l'économie sur les inconvéniens qui résultent de cet usage prématuré des grains récemment moissonnés.

Les céréales, telles que le blé, le seigle, l'orge, etc., se récoltent quand elles sont parvenues à maturité. Il en est ainsi de toute semence et de tout fruit.

Mais il existe deux sortes de maturités; l'une de *végétation*, l'autre *seconduire*, ou plutôt la maturité de la nature et celle du tems.

Quand la végétation a parcouru son cercle, la semence, si on ne la récolte, s'échappe de sa capsule qu'elle brise; et le fruit, si on ne le cueille, tombe de l'arbre.

Cette maturité n'a encore rempli qu'imparfaitement le vœu de la nature; car une des conditions nécessaires à la reproduction des espèces sera la maturité secondaire de la semence; et ce serait un mauvais semis que celui de pepins de pommes ou de poires soustraits au fruit nouvellement récolté; il faut les laisser dans leur pulpe pour que le germe se perfectionne.

A combien plus forte raison la maturité de végétation ne remplit-elle pas le vœu de l'économie animale ? En effet, il résulte, sous le rapport alimentaire, des inconvéniens, et de très-graves, de l'emploi des substances végétales nouvellement récoltées.

Arrêtons-nous à des faits connus, pour en tirer des conséquences applicables à des faits analogues. On sait généralement que le fruit récent n'est pas sans inconvénient. L'absence de parfum et de saveur dépose d'abord contre l'insuffisance de cette maturité de la nature ; en effet, les pommes, les poires d'hiver, qui ont acquis la maturité de la nature au point de tomber de l'arbre, sont d'une âpreté excessive, dures, sèches et sans parfum. C'est la maturité du tems qui, seule, imprime à ces fruits leur saveur sucrée, leur succulence, en même tems qu'ils exhalent un parfum agréable. Voilà pour le goût et l'odorat ; ce n'est qu'alors que les fruits deviennent un aliment salutaire.

Les fièvres automnales reconnaissent souvent pour cause l'usage des fruits verts, et même *des fruits mûrs mangés sur l'arbre.* Cette jouissance, pour les habitans des villes qui se transportent à la campagne, est très-abusive : il en résulte souvent de légères dyssenteries, parce que la pêche. l'abricot, l'abricot-pêche, la prune, le melon, le raisin. tout fruit enfin veut la maturité du tems ; c'est vingt-quatre heures ; c'en est douze, et moins pour la fraise ; c'est alors qu'ils exhalent tout leur parfum, en sorte que les sens et l'estomac sont d'accord sur l'effet de cette maturité secondaire.

Aussi le médecin qui permet des fruits au convalescent, exige-t-il que la pêche soit blanchie à l'eau bouillante, et que les cerises soient mises en compote.

Dans ces cas, la chaleur artificielle supplée à celle de l'atmosphère ; elle émousse la *crudité* du fruit. son acidité ; enfin cette chaleur opère la modification et la combinaison des principes qui constituent et la matière sucrée et l'arôme.

Le raisin que la médecine place sur la ligne des remèdes presque héroïques dans certains cas de maladies chroniques, ne produit les effets qu'on a le droit d'en attendre que par la *miellation ;* opération connue des anciens qui. après avoir cueilli le raisin, l'exposaient pendant huit ou dix jours à l'ardeur du soleil,

et pendant huit ou dix autres à l'ombre , à l'effet d'y développer toute la matière sucrée. Cette miellation avait même lieu
pour la vinification ; les raisins font alors un vin beaucoup
meilleur.

Il en est des fourrages, du trèfle, de la luzerne, etc. , comme
des fruits ; mangés en vert , ils donnent lieu aux accidens les
plus graves , et l'abus de ce régime occasionne annuellement ,
au retour du printems , une grande mortalité parmi les bêtes à
laine ; mais la fréquence de ces accidens ne peut pas même éclairer l'ignorance des bergers , et pourquoi n'ajouterait-on pas l'ignorance des propriétaires ? Il faut que l'herbe soit fauchée vingt-
quatre ou douze heures à l'avance , selon la température de la
journée.

Le foin même récemment récolté et qui n'a point éprouvé
dans la meule ou au grenier cette douce fermentation , ce léger
degré de chaleur qui en opère la maturité secondaire , le foin est
préjudiciable aux chevaux ; il en est ainsi de l'avoine , de l'orge
et de tout grain nouveau dont on les nourrirait.

Ces voies d'analogies conduisent aux céréales , qui , si on les
emploie récemment récoltées pour les convertir en pain , deviennent très-préjudiciables et donnent lieu à des épidémies.

Mais souvent les moyens les plus simples préviennent les accidens les plus graves ; c'est ainsi que la dessiccation de ces grains,
à l'ardeur du soleil , à la chaleur d'une étuve , ou enfin d'un four,
prévient d'abord cet inconvénient.

Mais il résulte plusieurs autres avantages économiques de cette
dessiccation ; le grain gagne en poids et sur-tout en qualité. Plus
sec , il n'engrappe point les meules et ne graisse pas les bluteaux ;
le son s'en détache mieux. Il rend plus en pain , parce que la
farine absorbe plus d'eau au pétrissage ; ainsi l'économie se
trouve d'accord avec la santé.

Quant au procédé , il se réduit à exposer à la vive ardeur du
soleil le grain étendu sur le sol ou sur des toiles.

Y a-t-il absence du soleil ? On doit recourir à la chaleur du
four , ou à celle d'une étuve , si la dessiccation se fait plus en
grand.

Mais enfin . il y a disette de grain vieux ; il s'écoulera du tems
avant de pouvoir moudre , et il faut que la famille vive ! Alors ,

pour se dérober aux accidens inévitables de l'emploi des grains sortant ainsi de leur balle, on suppléera à leur maturité secondaire, en les faisant légèrement griller dans une poële de fer, pour les manger cuits comme le riz ; cet aliment sera aussi salutaire qu'il peut être préjudiciable sans cette précaution ; car c'est ainsi qu'au moyen des plus légères modifications, la nature convertit l'aliment en poison, et que l'art sait convertir le poison en aliment ; ce serait une indifférence bien coupable, de ne pas recourir à un moyen aussi simple et fait pour prévenir des maladies dangereuses.

Je profite de cette circonstance, celle de la dessiccation des grains, pour dénoncer à l'opinion publique (car déjà je l'ai dénoncé au Gouvernement), un délit inconnu dans les grandes villes et qui s'est introduit dans plusieurs marchés ruraux.

Le fermier mouille le blé qu'il expose en vente, et le malheureux, qui attendait après ce grain, est forcé de le sécher au soleil, au four ; car comment pouvoir moudre un pareil grain ? C'est du dix au onzième que le froment perd par cette dessiccation ; et les inconvéniens dont il vient d'être question dans l'article précédent, se reproduisent ici, sous les rapports de la mouture et de la panification ; enfin la farine se trouve être détériorée. Combien n'est pas punissable, dans des tems difficiles pour la classe laborieuse, ce crime de bénéfice ou plutôt de vol, établi sur la détérioration du pain ! Mais il n'y a rien de sacré pour la cupidité !

CHAPITRE II.

DES BASES ALIMENTAIRES.

Définissons ce que nous appelons bases alimentaires. Elles varient chez les diverses nations et souvent chez le même peuple.

Elles doivent sur-tout varier dans un aussi vaste empire que l'est aujourd'hui la France, riche de tous les sols, de tous les climats et de toutes les productions.

Le caractère de toute base alimentaire est d'être sèche, farineuse, de pouvoir se conserver un certain tems, au moins jusqu'à l'époque de sa reproduction ; enfin de représenter, sous le moindre volume, le plus de masse alimentaire.

Mais la nature dont l'homme se regarde comme l'unique favori, cette nature, si prodigue de nourriture envers les animaux, n'offre cependant à l'espèce humaine, parmi tant de végétaux dont elle couvre la surface de la terre, qu'un très-petit nombre de racines succulentes, de fruits doux et sucrés.

Elle est sur-tout avare de bases alimentaires ;

et l'homme doit s'estimer trop heureux quelquefois de les extraire des racines vénéneuses !

En effet, c'est un des jeux de la nature d'identifier l'aliment et le poison, en faisant ainsi circuler dans des sucs âcres, amers, vénéneux ou au moins délétères, les substances amylacées de la bryone, du marron d'Inde, de la cassave et de la pomme-de-terre; car ce n'est pas à une famille de plantes innocentes que la pomme-de-terre appartient.

Encore toute base alimentaire, si on en excepte la banane et l'arbre à pain, ne s'obtient-elle qu'à force d'art et de labour. Aussi l'homme exécute-t-il, à la rigueur, dans d'autres climats que l'Amérique méridionale, cet arrêt de l'Éternel qui le condamne à manger son pain à la sueur de son front; comme si cette sueur, ainsi que celle des animaux qui partagent son travail, devait être le principal engrais de la terre.

Les bases alimentaires sont ou ne sont pas panifiables; nombrons-les et classons-les; leur nombre se réduit à dix.

Froment, seigle, maïs, orge, sarrasin, riz et châtaigne.

Ajoutons les farineux de la classe des légumineuses, les racines succulentes, enfin les substances amylacées.

§ Ier.

Des bases alimentaires panifiables.

Deux seules sont vraiment panifiables : le froment et le seigle ; et, comme nous l'avons observé, le froment exige impérieusement la panification.

§ II.

Des bases alimentaires non-panifiables.

L'orge, le maïs (1), le sarrasin peuvent à la rigueur se panifier, si toutefois on peut donner le nom de pain à la masse sèche ou spongieuse qui résulte de la fermentation de ces farines. Aussi, les mange-t-on de préférence sous forme de gruaux, de bouillies, et de pâtes.

Le riz n'est point panifiable.

La châtaigne fait le plus détestable pain ; il est couleur de lie de vin et a une saveur dégoûtante, quoiqu'il soit sucré.

On conçoit d'autant moins l'idée de cette conversion de la châtaigne en pain, qu'en raison des soins que dans le Bas-Languedoc, par exemple, on donne à la préparation de ce fruit, il y est base alimentaire aussi nourrissante que saine ; témoin la classe nombreuse vivant de châtaignes, qui jouit de la plus vigoureuse constitution. D'ailleurs séché et réduit en farine , ce fruit se prête à des mets excellens ; nous verrons que nos produits de pomme-de-terre s'assimilent à la châtaigne dont ils partagent la saveur (2).

Quant aux légumes, ils sont absolument destinés à être mangés en nature ; comment donc a-t-on eu la manie de les panifier, pour en faire le plus mauvais des alimens ?

Quant aux substances amylacées , elles sont impanifiables , parce qu'elles se dérobent à la fermentation ; je ne citerai que la cuve de l'amidonnier d'où l'amidon des céréales sort pur.

Mais enfin , c'est au froment que le Français, sur-tout, a donné la préférence ; et, pour plusieurs contrées de l'Empire , il est base alimentaire exclusive ; en sorte que , parmi les autres bases qu'on eût pu choisir, c'est le blé qu'on a préféré , lui dont la récolte d'un arpent ne suffit point à la nourriture de deux journaliers.

Aussi est-ce en économie politique une donnée effrayante que la vaste étendue de terre consacrée à la culture des céréales ; donnée vraiment alarmante en tems de disette, et désespérante aux époques de famine. *Quoi! un arpent de blé pour nourrir deux mendians?*

Encore si le Français eût associé d'autres bases alimentaires pour alléger cette énorme consommation de terres cultivées en froment !

car c'est du pain de froment que ce mendiant veut manger.

Mais l'aliment va se trouver au moins *octuplé*, graces aux produits que nous allons obtenir de la pomme-de-terre; savoir : deux natures de farines destinées à augmenter la masse panaire des céréales et à améliorer celles des qualités les plus inférieures, puisque c'est du pain et beaucoup de pain qu'on veut en France.

En effet, le Français, environné de racines nutritives, de légumes secs, n'en crie pas moins à la famine, s'il est privé de céréales; c'est pourquoi, dans les tems de disette, on le voit tout panifier, jusqu'au chénevi qui est une semence huileuse; mais c'est sur-tout le son qu'il panifie (3).

Cependant le froment croît aussi dans des pays riches d'autres bases alimentaires auxquelles on ne cherche point à le substituer; c'est ainsi que dans les contrées de l'Amérique septentrionale où croissaient également le froment et le maïs, telle que la Virginie, c'est ce dernier dont le cultivateur se nourrit de préférence ; quant à son blé, il l'exporte.

Le Cincinnatus de l'Amérique septentrionale, *Washington* qui aurait laissé la réputation du premier des agriculteurs de ces vastes contrées, si les qualités militaires et les talens politiques ne présentaient pas l'homme public avec plus d'éclat à l'opinion , *Washington* possédait vingt - sept charrues ; il récoltait par an 15000 boisseaux de blé du poids de soixante livres , et *c'est le maïs dont il faisait sa nouriture ;* mais l'Européen trouvait du pain de froment à la table de ce héros-citoyen qui n'en mangeait point. Ce ne serait ici qu'une autorité isolée ; mais j'ai entendu citer par M. *John de Crevecœur ,* ce fait-ci : dans la guerre des Etats - Unis , l'Américain disait au soldat anglais : *Prenez notre froment et laissez-nous notre maïs.*

Il en sera de même dans les contrées de l'Europe , lorsque semblable au maïs , de toutes les bases alimentaires , celle avec laquelle nos produits nouveaux ont le plus d'analogie , la pomme-de-terre sera placée sur la même ligne que lui.

Au moins pour le petit cultivateur , le tems approche , (celui de la récolte de nos tubercules ,) où il pourra , de même que l'Américain , vivre en tout ou en partie de leurs produits divers ; alors le blé , dont il était contraint de faire sa nourriture , *deviendra sa rente.* C'est la privation des choses qui en irrite le désir , et leur possession suffit pour le satisfaire sans en user ; comme *Washington ,* il pourra vivre de ses gruaux , de notre farine , et vendre son blé.

NOTES.

(1) Jusqu'ici j'ai regardé le maïs comme base alimentaire non panifiable, parce que j'ignorais toutes les ressources que cette plante fournit aujourd'hui à plusieurs de nos départemens ; pour mettre mes lecteurs au courant de ce que l'on a fait avec le maïs, je vais transcrire ici une note qui m'a été donnée par M. *Arsenne Thiébaut-de-Berneaud*, jeune homme connu par plusieurs bons ouvrages, sur-tout par divers traités d'agriculture-pratique utiles, rédigés avec soin et écrits avec élégance et pureté.

« Dans un grand nombre de départemens méridionaux de la France et en Allemagne on mange depuis long-tems des gâteaux de maïs, composés de farine de ce grain réduite en pâte fermentée. Ce gâteau, vulgairement appelé *pain turc*, *millas*, *pain de maïs*, est difficile à fabriquer, lourd, très-spongieux, et par conséquent peu sain. Mais cette même farine mêlée à de la farine de froment ou de seigle, fournit un pain de très-bonne qualité, fort agréable au goût, nourrissant, digestif, et qui réunit encore l'avantage de se tenir long-tems frais. Pour le prouver, je ne répéterai point ce qu'ont dit du pain de maïs *Winthorp*, *Kalm*, *Lelieur* (de Ville-sur-Arce) et *Buniva*, parce que tous ces détails se trouvent dans la *Bibliothèque des Propriétaires ruraux*, que nous rédigeons, mais je rapporterai le procédé indiqué tout récemment par M. le sénateur comte *François de Neufchâteau*, et celui déjà mis en pratique dans le département des Landes, où le maïs est généralement cultivé, et où il nourrit lui seul les trois-cinquièmes de la population des campagnes.

» Premier procédé. On fait bouillir de l'eau dans laquelle on met fondre deux cent cinquante grammes de sel (demi-livre). L'on jette dans cette eau, par petite quantité à-la-fois et toujours en la remuant, trois kilogrammes sept cent cinquante grammes (sept livres trois-quarts) de la farine bien blutée de maïs, sur-tout celle de maïs blanc, réputée la meilleure pour cet usage dans les Etats-Unis. Après avoir fait cuire cette bouillie pendant environ trois-quarts d'heure, on l'ôte de dessus le feu, et l'on ajoute de la farine de maïs . pour rendre la bouillie encore plus épaisse ; on la remet un moment sur le feu, puis on la verse dans une mave ou pétrin On la remue avec une spatule , pour la laisser refroidir au degré que doit avoir l'eau chaude dont on se sert pour faire le pain. Convenablement refroidie , on incorpore un kilogramme deux cents grammes de levain (2 liv. et demie), un peu délayé , à cette espèce de pâte , en la pétrissant pour lors avec quatre kilogrammes deux cent cinquante grammes (environ onze livres) de farine de froment ou de seigle , quantité nécessaire pour former une pâte véritable , qui ait la consistance requise pour faire du pain. On couvre la pâte et on l'abandonne à la fermentation. Enfin , la pâte moulée en pain de un kilogramme cinq cents grammes (trois livres) , est mise au four et donne quinze kilogrammes de pain (trente livres). Il faut seulement observer que le pain de maïs mélangé demande une plus longue cuisson que celui de froment ou de seigle pur. — Tel est le procédé indiqué par M. *François de Neufchâteau.*

» Second procédé. On a , dans le département des Landes , opéré le mélange de trois kilogrammes cinq cents grammes (sept livres) de farine de maïs blanc , blutée , et une égale quantité de farine de froment. On a pétri et ajouté deux cent cinquante grammes de sel (environ une demi-livre) et un kilogramme deux cents grammes (deux livres et demie) de levain de froment. La pâte convenablement fermentée , moulée en pain de un kilogramme cinq cents grammes (trois livres) chaque , et mise au four jusqu'à parfaite cuisson , a produit onze kilogrammes de pain (vingt-deux livres).

» Le pain provenant de ces deux manipulations *est d'une qualité supérieure au pain de munition composé de trois-quarts froment et un quart de seigle.*

» On fait encore un pain de bonne qualité en incorporant par moitié et faisant fermenter ensemble de la farine de maïs et de pomme-de-terre cuites , écrasées et passées , ou bien encore de la farine de maïs avec celle de pomme-de-terre obtenue par les procédés de M. *Cadet-de-Vaux.*

» Le biscuit de maïs se conserve long-tems. »

(2) M. *Parmentier* et moi nous avons tenté la panification des substances non panifiables , et qu'on prétendait pouvoir pa-

nifier, pour nous assurer si réellement l'art pouvait opérer cette conversion ; de ce nombre était le maïs et sur-tout la châtaigne, dont on célébrait le pain ; on en publiait même le procédé, adopté, disait-on, en Corse. C'est à l'école de boulangerie que nous suivîmes publiquement ces expériences qui servaient à fixer d'une manière certaine les bases panifiables.

(3) M. *Parmentier* est le premier qui ait fixé l'opinion de l'économie publique et privée sur les inconvéniens de l'introduction du son dans le pain. Je passe sur ces inconvéniens, ils sont nombreux, et nul avantage ne les compense, puisque cette introduction ajoute à peine au poids de la masse panaire. Cependant, ces vérités que M. *Parmentier* a rendues si palpables, en les étayant de l'expérience, et qui font la matière d'un mémoire qu'il a publié, sont comme non avenues dans les tems de disette.

Aussi est-ce en vain qu'appelé aux conférences du comité de salut public, j'y reproduisis ces vérités ; mais la conviction fut obligée de céder au préjugé ; car je répétai les expériences qui déposaient contre le son. Je ne supposais pas alors que tout, jusqu'aux criblures, jusqu'au chénevis, que tout enfin entrerait dans la composition du pain de ce tems-là.

De son côté, l'Angleterre qui compte plus d'une famine, et sur-tout beaucoup de disettes dans un siècle, à une de ces époques voisines de celle d'où nous sortions, vit paraître un bill qui ordonnait la réintégration dans le pain de la totalité du son.

L'Angleterre était en guerre avec la France ; mais les sciences et l'humanité s'isolent des intérêts politiques ; en conséquence, à la lecture de ce bill, je rédigeai des observations sur l'abus de la mesure ; confiant dans la générosité du Gouvernement français, convaincu qu'il ne voulait pas de la famine pour alliée, et que ce n'était pas avec les fléaux naturels qu'il cherchait à combattre son ennemi, je portai à S. Ex. le ministre des relations extérieures mes observations. Après en avoir pris lecture, je lui proposai d'en autoriser la publicité dans le *Moniteur*, comme le moyen le plus expéditif de les faire parvenir à Londres. Le ministre sourit à la proposition ; et trouvant quelque chose de digne dans cette communication officielle, il signa l'autorisation, et l'article parut le lendemain.

Je demande à nos Anglomanes , si c'est ainsi que se comporte l'honneur national chez les Anglais et si tel est l'esprit de leur Gouvernement.

Toutefois l'Angleterre a profité de ce conseil qu'elle recevait de l'économie. En effet , à cette époque de la disette qu'elle éprouve maintenant, on a publié , dans le *Morning-chronicle* , l'article suivant :

« Pour prévenir les inconvéniens de la disette qui existe , le mélange *du son avec la farine de blé* , que M. Curwen a proposé , *ne serait d'aucun avantage , comme l'expérience nous l'a déjà prouvé* ; mais il serait bon de mêler une farine inférieure avec de la farine de blé , et dans ce moment-ci ce serait une mesure nécessaire. L'avoine , l'orge , le riz , les pois , le seigle , les pommes-de-terre et le sucre , pourraient remplacer en partie la farine de froment. Nous ajoutons le sucre , parce qu'il est très-salutaire et serait très-utile pour *accoutumer notre palais au pain fait avec de la farine d'une qualité inférieure*. Le Gouvernement ne pourrait-il pas supprimer la plus grande partie des droits sur le sucre et le café pendant six mois , ou même les supprimer en entier ? »

Le Courrier , de son côté , s'exprime ainsi , 14 avril : « Ce sujet est très-délicat , mais le danger est trop grand pour le cacher ; et nous engageons les hommes influens dans chaque district de donner le bon exemple à leurs voisins , afin de surmonter les difficultés que nous avons à vaincre , et cela principalement *en mêlant des farines de grains inférieurs avec de la farine de blé.* »

La Sicile aussi , qui se trouve sous la domination anglaise , devait partager le sort de l'Angleterre , et se voir réduite à la famine. Pour en diminuer les effets , la *Gazette de Messine* , du 11 avril 1812 , indique l'emploi des moyens auxquels l'Angleterre elle-même a recours pour suppléer à la disette des grains , savoir : d'interdire l'usage des pâtisseries et des pâtés , et de prescrire *le pain économique adopté en Angleterre* ; toutefois un quarteron de croûte de pâté qui n'a point fermenté , nourrit plus qu'une demi-livre de pain , parce que la farine en passant à l'état panaire perd une portion de sa propriété nutritive ; mais revenons au pain économique de Londres.

Cependant , sortie , comme on vient de le voir , du moyen

vicieux qui prescrivait l'emploi du son, l'Angleterre rentre dans le moyen plus vicieux encore de tout panifier.

Mais pourquoi soumettre à cet état panaire des substances qui semblent s'y refuser et qui perdent une partie de leur qualité nourricière en se métamorphosant ainsi en pain ? En effet, l'orge et l'avoine, qui donnent de si bons gruaux ; les graines légumineuses, pois, haricots, le riz enfin qui se prêtant à une grande variété de mets, font de si bons alimens, ne donnent qu'un pain mauvais au goût ; aussi propose-t-on d'ajouter du sucre à ce pain vraiment détestable, *pour y accoutumer le palais*, et c'est ce mélange incohérent qu'on qualifie de pain économique, lorsque toutes ces substances non panifiées nourriraient beaucoup mieux ! enfin, nos pères ont fait du pain avec des os en poudre, tandis que ces os pulvérisés et bouillis auraient donné une gélatine très-nourrissante !

Mais quand le blé renchérit, il n'y a plus qu'une très-petite distance de prix entre lui, le seigle, l'orge, etc. Le pain de froment coûtant douze sols la livre, le mauvais pain économique en coûterait au moins huit : j'en demande pardon aux Anglais réputés nos maîtres en économie.

Car enfin, c'est l'Anglais qui a introduit en Europe la pomme-de-terre ; et ce n'est pas cette nation qui en aura modifié les appropriations ; mais bien les amis de l'économie, qui, en France, auront étendu les propriétés de ces tubercules, et en auront fait une barrière que ne pourront pas désormais franchir famine et disette. Par l'association de nos nouveaux produits aux farines d'orge, d'avoine, de sarrasin, au lieu de *mêler les farines de ces grains inférieurs avec de la farine de blé et de condimenter ces grains avec le sucre*, ils augmenteront de moitié, des deux tiers, en même tems qu'ils amélioreront la masse panaire de ces mêmes céréales avec les farines que nous allons obtenir de la pomme-de-terre. Alors la livre de pain, que représentera dans ce mélange la pomme-de-terre, n'excédera pas le prix d'un sol six deniers.

Ces détails deviennent étrangers à la France ; et je n'ai pu y entrer que mû par le même principe, l'amour de mes semblables, l'*homo sum*, qui avait provoqué les communications que je publiai il y a dix ans ; car nulle nation ne profitera de ce nouveau bienfait autant que l'Angleterre, et sur-tout l'Irlande où la pomme-de-terre reçoit un culte tout particulier.

CHAPITRE III.

DÉVELOPPEMENS RELATIFS AUX BASES ALIMENTAIRES.

§ I. *Du Maïs.*

Je me suis borné, dans le chapitre précédent, à quelques considérations générales sur les bases alimentaires ; mais l'importance de l'objet semble devoir exiger plus de développement ; car, il s'agit d'une de ces bases que je présente à l'économie.

En conséquence, j'ai cru devoir consulter les ouvrages de M. *de Humbold*, source inépuisable de lumières que ce savant répand sur les sciences naturelles, et spécialement sur les diverses branches de l'économie, pour les féconder toutes.

Ses *Essais politiques sur le royaume de la Nouvelle Espagne*, m'ont offert des faits nombreux et des réflexions précieuses sur les bases alimentaires ; je vais en présenter un extrait sommaire.

« Du tems des Incas , le maïs , la pomme-
de-terre , et dans les régions chaudes ou tempérées les bananes , formaient la nourriture des
naturels. »

« S'il paraît probable qu'on semait au Chili ,
outre les maïs , deux autres graminées à semen-
ces farineuses qui appartiennent au même genre
que notre orge et notre froment , il n'est pas
moins certain qu'avant l'arrivée des Espagnols
au Mexique , on n'y connaissait aucune des
céréales de l'ancien continent. »

Mais avant de nous occuper de ces substances
alimentaires du nouveau continent , parlons de
l'introduction du blé d'Europe dans le Mexique ; son époque est connue , et voici l'histori-
que intéressant qu'en donne M. *de Humbold*.

« Un nègre , esclave de *Cortès,* avait trouvé
trois ou quatre grains de froment parmi le riz
qui servait de nourriture à l'armée espagnole :
ces grains furent semés , à ce qu'il paraît , avant
l'année 1530. La culture du blé est par conséquent plus ancienne au Mexique qu'au Pérou. »

« L'histoire nous a conservé le nom d'une
dame espagnole , *Marie d'Escobas ,* femme
de *Diégo de Chaves ,* qui porta , la première ,
quelques grains de froment à la ville de Lima ,
appelée alors Rimac. Le produit des récoltes
qu'elle obtint de ces grains fut distribué pen-

dant trois ans entre les nouveaux colons, de manière que chaque fermier en reçut vingt ou trente grains (1). *Garcilasso* se plaint déjà de l'ingratitude de ses compatriotes qui connaissaient à peine le nom de *Marie d'Escobas*. »

« Nous ignorons l'époque précise à laquelle commença la culture des céréales au Pérou ; mais il est certain qu'en 1547 on ne connaissait point encore le pain de froment à la ville de Caser. »

« A Quito, le premier blé européen a été semé près du couvent de St.-François, par le père *Joseph Rixi*, natif de Gand en Flandre. Les moines y montrent encore avec intérêt le vase de terre dans lequel le premier grain de froment est venu de l'Europe, et qu'ils regardent comme une relique précieuse. Que n'a-t-on conservé partout le nom de ceux qui, au lieu de ravager la terre, l'ont enrichie les premiers de plantes utiles à l'homme ! »

« Il n'est plus douteux parmi les botanistes que le maïs ou blé turc est un véritable blé américain, et que c'est le nouveau continent qui l'a donné à l'ancien. Il paraît aussi que la culture de cette plante a précédé de beaucoup en Espagne celle des pommes-de-terrre ; il paraîtrait même que le maïs était encore inconnu en

Espagne du tems de *Philippe II*, c'est-à-dire, vers la fin du seizième siècle. »

Mais poursuivons moins l'histoire du maïs, que ce qui concerne sa partie économique.

« La fécondité du maïs mexicain est au-delà de tout ce qu'on peut imaginer en Europe : la plante, favorisée par de fortes chaleurs et beaucoup d'humidité, acquiert une hauteur de deux ou trois mètres.... Dans les environs de Valladolid, on regarde comme mauvaise une récolte qui ne donne que 130 ou 150 fois sa semence. »

Dans les climats tempérés le maïs ne produit, en général, année commune, que soixante-dix à quatre-vingt grains.

« De toutes les graminées que l'homme cultive, aucune n'est aussi inégale dans son produit. Il varie de 40 à 200 ou 300 grains pour un. Si la récolte est bonne, le colon fait une fortune plus rapide avec le maïs qu'avec le froment. »

« Ce grain se conserve au Mexique, dans les climats tempérés, pendant 3 ans, et pendant 5 ou 6, si le grain mûr a été un peu frappé de la gelée. »

« Quoiqu'on cultive au Mexique une grande quantité de blé, le maïs doit être regardé comme la nourriture principale du peuple. Il est aussi celle de la plupart des animaux domestiques. Le prix de cette denrée modifie celui de toutes les autres, dont il est pour ainsi dire la mesure naturelle. »

Enfin, il n'y a pas jusqu'aux tiges du maïs, au moins la portion de leurs nœuds (cinq ou neuf livres), abondans en matière sucrée, qui, réduits en poudre, ne puissent donner du pain. On a récemment proposé d'en faire avec le chiendent, dont la racine est également très-sucrée ; si on n'en fait pas de pain, au moins pourra-t-on, dans les tems de disette, pulvériser l'une et l'autre de ces substances et les manger en bouillie.

« Mais lorsque la récolte est pauvre, soit par manque de pluie, soit par des gelées précoces, la disette est générale et ses effets sont des plus funestes. Les poules, les dindons et même les grands bestiaux en souffrent également. Un voyageur qui traverse une province dans laquelle le maïs a gelé, ne trouve ni œuf, ni volaille, ni pain d'*arépa*, ni farine pour l'*atolli* qui est une bouillie nourrissante et agréable. »

Alors les naturels se nourrissent des fruits d'arbres non-mûris et de racines, il en résulte beaucoup de maladies. Les disettes sont ordinairement accompagnées d'une grande mortalité parmi les enfans.

« Le maïs qui descend jusqu'aux régions les plus chaudes de la Zone Torride, où les épis du froment, de l'orge et du seigle ne parviennent pas à se développer, introduit dans le nord de l'Europe, souffre du froid partout où la température n'atteint pas sept ou huit degrés centigrades. »

Passons aux appropriations du maïs, et arrêtons-nous y avec d'autant plus de complaisance que la pomme-de-terre convertie en nos nouveaux produits, va à-peu-près partager ces appropriations, quelque nombreuses qu'elles soient. Mais continuons d'écouter M. *de Humbold*, qui laisse bien rarement quelque chose à ajouter aux sujets qu'il traite.

« L'utilité que les Américains tirent du maïs est trop connue pour que j'aie besoin de m'y arrêter ici. L'usage du riz est à peine aussi varié en Chine et aux grandes Indes. On mange l'épi cuit dans l'eau ou rôti. Le grain écrasé donne un pain nourrissant, *quoique non-fermenté et pâteux*. (Est-ce vraiment du pain?)

« La farine est employée comme le gruau pour faire la bouillie que les Mexicains appellent *atolli*, et à laquelle on mêle du sucre, du miel, *quelquefois même de la pomme-de-terre broyée*. Le botaniste *Hernandès* décrit seize espèces d'*atolli*, qu'il vit faire de son tems.

« Un chimiste aurait de la peine à préparer

cette innombrable variété de boissons spiritueuses acides ou sucrées que les Indiens savent faire avec une adresse particulière , en
mettant en infusion le grain du maïs , dans
laquelle la matière sucrée commence à se développer par la germination. Ces boissons qu'on
désigne communément par le nom de *chicha* ,
ressemblent les unes à la bière , les autres au
cidre. » (2)

Mais examinons si tant de précieux avantages
qu'offre le maïs , ne sont pas rachetés par quelques inconvéniens ; c'est, à la vérité , 300 pour
un que donne ce grain , mais aussi c'est la famine qu'il occasionne , si la gelée dévaste les
plantations. Tel est l'effet qui résulte de toute
base alimentaire qui devient exclusive : la pomme-de-terre , au contraire , a peu d'accidens à
redouter : au moins ce ne sont pas les gelées ;
car c'est en mai qu'on la plante.

Sa récolte peut être plus ou moins abondante ;
mais toujours est-elle assurée.

Le maïs , en Amérique , se conserve : en
Europe il n'en est pas ainsi (3) ; car ce maïs ,
auquel nous assimilerons nos produits , n'est
pas exempt, dans son état de grain et de farine , d'une assez prompte altération.

Si on le laisse , après l'hivernage , confondu
avec sa balle , il fermente et dégage une odeur

acidule tellement nauséabonde , que même les animaux le rebutent.

Il se détériore au grenier , quoique bien nettoyé et vanné , si on ne le rafraîchit point en le remuant dans un air nouveau ; on est même obligé de le changer de local. Il redoute les insectes , la chaleur , et sur-tout l'humidité qui y excite la fermentation ; enfin , mis en sacs , il contracte de l'odeur ; aussi est-ce de préférence en couches d'un pied d'épaisseur qu'on le laisse au grenier , avec l'attention de le remuer de tems à autre.

Il en est ainsi de la farine de maïs qui , dans un intervalle de deux ou trois mois, a perdu de sa qualité , quoiqu'ensachée et mise dans les circonstances les plus favorables à sa conservation ; c'est la raison pour laquelle il faut le moudre pour un approvisionnement de courte durée (4).

Enfin , nos produits de pomme-de-terre sont tout à-la-fois base non panifiable et panifiable, lorsque , réellement , on ne peut pas donner le nom de pain au gâteau de maïs.

Occupons-nous maintenant du manioc pour le comparer avec la pomme-de-terre , sous le rapport de leurs avantages respectifs.

§ II. *Du Manioc.*

Le manioc se cultivait, de toute antiquité, en Amérique, et la cassave qu'on en prépare est une des bases alimentaires que les Européens, ainsi que les Africains, trouvèrent dans ces contrées. Écartons les détails historiques et botaniques de cette plante.

La pomme-de-terre, d'après les nouveaux produits que nous allons en obtenir, devient pour l'Europe ce qu'est le manioc pour l'Amérique, aussi nous proposons-nous de les comparer sous tous leurs rapports.

« Le manioc est sept à huit mois en terre, et il y a une de ses variétés qui y demeure quinze mois, avant de pouvoir être récolté. »

Cinq à six mois suffisent à la pomme-de-terre pour sa maturité complète, et il en existe des espèces hâtives, même assez productives.

« Le manioc est très-nourrissant, peut-être à cause de la matière sucrée qu'il contient. »

La pomme-de-terre, après sa cuisson à la vapeur et sa dessiccation au four, prend une saveur sucrée ; effet de cette double action du feu, laquelle tend à combiner les principes qui constituent la matière sucrée, de manière à l'augmenter, et même à la développer dans quelques substances dépourvues de ce caractère.

D'ailleurs, le parenchyme de ces tubercules contient réellement le principe sucré.

« Les naturels mangent généralement moins d'un demi-kilogramme de manioc par jour. »

Nos produits, extraits de la pomme-de-terre, sont au moins aussi nourrissans que la cassave ; car à sa matière amylacée, d'autres principes se trouvent unis, je veux dire les principes nutritifs ; aussi une livre peut-elle également faire l'aliment d'un jour, d'autant plus que la livre desséchée représente plus de trois livres de ces tubercules frais ; ce sont les sept dixièmes d'eau qu'elle perd par la dessiccation.

« La fécule du manioc râpée, séchée, boucanée, est presqu'inaltérable ; les insectes et les vers ne l'attaquent point. »

Nos produits, également séchés au feu, râpés ou pulvérisés, deviennent inaltérables et susceptibles de la plus longue conservation.

La pomme-de-terre fraîche a peu de choses à démêler avec les insectes et les vers ; à plus forte raison quand elle est privée d'à-peu-près les trois quarts de son eau de végétation, qui est le premier élément de la détérioration des végétaux.

« Le suc du manioc est un poison que cependant le feu dénature au point que ce suc épaissi sert à assaisonner les mets. »

C'est ce qui a lieu pour la pomme-de-terre

dont l'action de la chaleur détruit non-seulement et l'odeur nauséabonde et l'âcreté qui distingue la tubercule fraîche ; mais encore donne à sa farine, *par dessiccation*, une sapidité que n'a pas la fécule, et qui est due au rapprochement de sa partie extractive.

« M. *Aublet*, ajoute M. *de Humbold*, dit avec raison que le manioc est une des plus belles et des plus utiles productions du sol américain, et qu'avec cette plante l'habitant de la zône torride pourrait se passer du riz et de toutes sortes de fromens, ainsi que de toutes les racines et fruits qui servent à nourrir l'espèce humaine. »

Il n'y a que le dernier membre de cette phrase à retrancher, et l'éloge peut s'appliquer complètement à la pomme-de-terre, sauf encore la beauté de la plante.

M. *de Humbold* va maintenant nous conduire au pied du bananier qu'on ne peut aborder dans ces climats qu'avec reconnaissance envers l'auteur de la nature, comme étant l'image de la plus grande fécondité.

§ III. *Du Bananier.*

Parlons maintenant du bananier qui s'offre avec tant d'orgueil à l'homme dans les contrées méridionales de l'Amérique, et principalement au Mexique , sur un plateau de 5o,ooo lieues carrées , habité , à-peu-près , par un million et demi d'individus. Ici et là ce sont des mamelles exubérantes dont la nature semble se servir pour allaiter ses enfans , lorsque , dans les contrées hyperboréennes, elle n'a réellement à leur offrir que des mamelles desséchées.

« Je doute , dit M. *de Humbold*, qu'il existe une autre plante sur le globe , qui , sur un petit espace de terrain , puisse produire une masse de substance nourrissante aussi considérable que le bananier.

» Huit ou neuf mois après que le drageon est planté , le bananier commence à développer son régime qui présente de 16o à 18o fruits de 7 à 8 pouces de long , lesquels pèsent de 3o à 4o kil. en sorte que cette première récolte est de 6o à 8o livres de bananes. Le fruit peut être cueilli le dixième ou onzième mois. Lorsqu'on coupe la tige, on trouve constamment, parmi les nombreux jets qui ont poussé des racines , un rejeton qui ayant les deux tiers de la plante-mère , porte du fruit trois mois plus tard. . .

» Un terrain de 1oo mètres carrés de surface peut renfermer 3o à 4o pieds de bananiers ; dans l'espace d'un an , ce même terrain , en ne comptant le poids d'un régime que de 15 à 2o kilogrammes, en donne plus de 2000 ou 4ooo l.

en poids de substance nourrissante. Quelle différence entre ce produit et celui des graminées
céréales dans les parties les plus fertiles de l'Europe ! »

En effet, la même surface de terrain semée
en froment ne produit que 15 kil. ou 3o livres
pesant de grain.

« Sous un climat favorable, la même étendue
de terrain, produisant 1o6,ooo kil. de bananes,
n'en produit que 8oo de froment.

» On trouve, et ce fait est très-curieux, que
dans un pays éminemment fertile, un demi-hectare ou arpent légal, cultivé en bananes de la
grande espèce, peut nourrir plus de 5o individus, tandis qu'en Europe le même arpent ne
donne par an que 576 kilogr. de farine, ce qui
n'est pas suffisant pour la nourriture de deux
individus. »

Nous parlerons ailleurs des produits de la
pomme-de-terre, et sous ce rapport il n'y a nulle
comparaison entre elle et la banane ; car la
nature, qui est d'une extrême prodigalité dans
les contrées méridionales, et d'une excessive
avarice dans les régions septentrionales, est,
au moins, très-parcimonieuse dans les climats
tempérés.

Cependant, disons par anticipation, que
l'arpent qui, en froment, ne donne que 1200 l.

pesant, ce qui fait 1200 l. de pain , (quantité insuffisante pour la nourriture de deux journaliers ,) que cet arpent , disons-nous , donne jusqu'à 30,000 l. en pomme-de-terre; et que convertis en farines et gruaux, ces 30,000 l. en donnent 9,000 de substance alimentaire qui suffit à la nourriture de vingt individus.

Mais passons aux analogies qui se rencontrent entre la banane et la pomme-de-terre.

« Le fruit vert se mange cuit ou rôti comme le fruit de l'arbre à pain. » C'est une des premières appropriations de la pomme-de-terre.

« On extrait de la farine des bananes, en coupant le fruit vert en tranches , en le séchant au soleil sur les glacis , et en le pilant lorsqu'il est devenu friable. » C'est un procédé analogue que j'indique : cuisson , dessiccation , mouture ; le résultat est une farine et un gruau excellens.

« Cette farine peut servir aux mêmes usages que les farines de riz et de maïs. » Sur ce point l'analogie est parfaite entre la banane et notre tubercule.

« La banane verte s'assimile au blé , au riz et au sagou , en raison de sa farine amylacée. » Cette assimilation , la pomme-de-terre la partage complètement.

« La banane ne peut pas se convertir en pain, » tandis que la pomme-de-terre se laisse panifier, et que l'association de ses farines (car on en obtient deux) , avec celles des céréales de qualités inférieures , améliore ces pains , en même tems qu'elle en double ou triple la masse panaire.

« Il serait difficile de décrire les nombreuses préparations par lesquelles l'Américain rend la banane , soit avant , soit après sa maturité , un mets sain et agréable. » La pomme-de-terre dans son état naturel n'est susceptible que d'un petit nombre d'appropriations , et elles sont connues ; il n'en est pas ainsi des produits que nous allons en obtenir , et qui remplissent toutes les appropriations de la banane sans aucune exception.

NOTES.

(1) C'est ainsi que pour propager les deux espèces de pommes-de-terre, la jaune et la rouge d'Amérique, sir *John de Crevecœur*, alors consul général de France en Amérique, les fit passer en France, par le canal de M. le maréchal de Castrie. M. *Parmentier* distribua la première récolte obtenue ; il la déposa chez son libraire : on n'en donnait pas plus de deux ou trois tubercules. Ce nombre d'yeux peuvent donner douze ou quinze plantes ; depuis j'ai semé de ces deux espèces provenues des graines ; seul moyen de régénérer les pommes-de-terre de bonne qualité.

(2) M. *Parmentier*, pendant ses expériences sur la culture du maïs et ses appropriations, alors peu connues, et même inconnues en France, tenta avec succès la fabrication de la bière, boisson excellente qu'il présenta à la Société royale d'agriculture, et il en fut même fabriqué en grand ; mais la culture du maïs ne s'étendit pas assez dans le cercle environnant la Capitale, pour que cette bière pût devenir objet de spéculation du commerce.

(3) « De toutes les récoltes, il n'en est point de plus difficile à conserver que celle du maïs ; mais aussi a-t-on partout recherché les moyens de le faire le plus promptement et le plus commodément possible. Les diverses pratiques adoptées ont leurs avantages et leurs inconvéniens ; je vais les examiner très-succinctement, faire sur chacune les observations dont elles me paraissent susceptibles, et donner une plus grande publicité à la méthode que l'expérience proclame aujourd'hui comme la meilleure et la moins dispendieuse.

» *Conservation du maïs en épis suspendus au plancher.* — On laisse deux bandes aux épis que l'on veut conserver de la sorte, et au moyen d'un nœud double on en attache plusieurs ensemble, que l'on suspend ensuite au plancher à des perches qui traversent la longueur du grenier et de tous les autres endroits intérieurs et extérieurs du bâtiment. Le maïs se conserve ainsi pendant plusieurs années avec toute sa bonté et sa fécondité ; mais quoique le plus généralement adoptée par les cultivateurs de maïs, cette méthode ne peut s'appliquer à la totalité de la récolte, à cause du vaste emplacement qu'elle exigerait : on ne l'adopte que pour le grain destiné aux semailles.

» *Conservation du maïs en épis répandus dans le grenier.* — La seconde méthode de conservation du maïs en épis consiste, après avoir entièrement dépouillé les épis de leur robe ou de leurs feuilles, de les porter au grenier où on les amoncèle sur le plancher à la hauteur de quarante-huit centimètres (1 pied 6 pouc.), afin qu'ils puissent perdre leur humidité surabondante et se ressuyer : on a soin de les remuer de tems en tems. Pour faciliter ce double effet, quelques propriétaires, avant de les placer dans les greniers, profitent des beaux jours qui restent après la récolte du maïs, et en exposent les épis au soleil. Cette dessiccation préalable est très-avantageuse, mais ce système de conservation exige des greniers spacieux, bien aérés, et expose le maïs à devenir la proie des rats, des oiseaux, des volailles.

» *Conservation du maïs par le feu.* — Dans les cantons de la France où la température n'est pas suffisamment chaude pour faire perdre au maïs son humidité particulière, on est dans l'usage de recourir au feu pour achever sa dessiccation. On chauffe à cet effet le four un peu plus que pour la cuisson du gros pain ; lorsqu'il est soigneusement nettoyé, on y jette les épis de maïs que l'on étend avec un fourgon de fer recourbé, puis on ferme aussitôt le four. Une heure après, on le débouche, et, au moyen de la pelle de fer, on a soin de remuer le fond du four, de soulever les épis posés sur l'âtre.

» Cette première opération terminée, on étend avec la pelle une ligne de braise allumée à la bouche du four, que l'on ferme pour empêcher que la chaleur ne s'échappe. On remue les épis une seconde fois, et lorsque les vingt-quatre heures sont écoulées, la dessiccation du maïs est complète.

» Divers agronomes avaient pensé qu'il valait mieux mettre au four le maïs tout égréné, parce que la chaleur s'exerçant sur tous les points de la surface du grain, pénétrerait plus facilement et opérerait d'une manière moins gênante, moins dispendieuse et plus prompte, la dessiccation désirée ; mais l'expérience a prouvé absolument le contraire.

» Mais si le maïs séché par ce moyen est moins attaquable par les insectes, plus susceptible de s'égréner, de se moudre et de se conserver long-tems sans la plus légère altération, il faut en convenir, le germe a perdu de sa flexibilité et par-là est devenu inhabile à la reproduction. D'ailleurs, la dessiccation au four exige une consommation de bois et une perte de tems importantes pour n'y avoir recours que lorsqu'il s'agit de donner une qualité de plus à la farine de maïs.

» *Conservation du maïs en magasin.* — Enfermer le plus de maïs possible dans le moindre espace, l'y dessécher convenablement et l'y conserver à l'abri de l'humidité, de la moisissure et de l'incursion des rats, tel est le triple but de cette méthode, qui, certes, plus qu'aucune autre, mérite d'être adoptée dans toutes les parties de l'Empire. L'idée et l'exécution de ce procédé appartiennent à M. *de Méja*, propriétaire dans le département de la Haute-Garonne.

» Ce vénérable praticien a fait construire une cage de la consistance de six cents hectolitres (385 setiers) de maïs en épis, dans une cour intérieure, et à l'angle de deux bâtimens, l'un à l'ouest et l'autre au nord. La cage forme un cube de quatre mètres quatre-vingt-sept centimètres (15 pieds), sur trois mètres vingt-quatre centimètres (10 pieds) de largeur et autant de haut sous les sablières ; elle est établie sur un plancher à claire-voie, élevé de deux mètres cinquante-neuf centimètres (8 pieds) au-dessus du sol, supporté par des poutres qui appuient d'un côté sur le mur, et de l'autre sur des piliers en maçonnerie. La cage est recouverte par un toit ordinaire, qui est le prolongement des toits voisins ; son élévation en pente au-dessus des sablières augmente la capacité de la cage, si on veut la remplir jusque sous les faîtes ; les côtés du levant et du midi sont fermés par des linteaux, qui, comme ceux du plancher inférieur, ont vingt-sept millimètres (1 pouce) d'épaisseur sur autant de largeur, et sont entr'eux à vingt-sept millimètres d'intervalle. Ce plancher inférieur, établi sur de fortes solives, et celles-ci sur des poutres, est d'ailleurs percé à trois endroits les plus distans des côtés latéraux de la cage pour y établir des ventouses, qui consistent en trois prismes quadrangulaires de soixante-cinq centimètres (2 pieds) de côté, fermés par des linteaux à vingt-sept millimètres de distance les uns des autres, de pareilles largeur et épaisseur, et de la longueur qui est à-peu-près la hauteur de la cage : ces ventouses prennent par dessous la cage l'air extérieur, et le distribuent dans la masse du maïs contenu dans la cage.

» Depuis plus de trente ans M. *de Méja* fait usage de cette cage à maïs, toujours avec le plus heureux succès. Sans doute une expérience aussi longue doit suffire pour prouver qu'il est des moyens de conserver le maïs fort long-tems et dans toute la plénitude de sa bonté. Sans doute encore cette méthode adoptée dans d'autres lieux que sous le climat heureux de la terre de M. *de Méja*, il faut y faire quelques modifications, comme, par exemple, de mettre la cage à l'abri de l'humidité et de la pluie, en la fermant en planches minces, qui se recouvriraient l'une l'autre, ou en linteaux disposés en forme d'abat-jour qui rejetteraient l'eau. Quoi qu'il en soit, l'avantage de ce procédé l'emporte sur tous ceux employés jusqu'ici, et doit déterminer les propriétaires, dont les terres sont propres à la culture de cette plante que nous devons au Nouveau-Monde aussi-bien que la pomme-de-terre, à construire de pareilles cages à maïs. Déjà nombre de cultivateurs du midi ont adopté la méthode de M. *de Méja*, et ils s'en trouvent fort bien. » (Cette note m'a été fournie par M. *Arsenne Thiébaut-de-Berneaud.*)

(4) Le maïs n'est pas le grain le plus aisé à réduire en farine, mais, au sortir du bluteau, il faut, comme au grain, lui laisser jeter son feu : la chaleur des meules, sa division, l'air, tout concourt à y exciter un mouvement qu'il importe de ne point interrompre ; alors la farine de maïs se conserve parfaitement en sacs et mieux encore en tonneaux. J'en ai vu et mangé qui avait quatre ans de tonneaux. Elle avait été apportée en Italie des Etats-Unis.   (A. T. D. B.)

CHAPITRE IV.

OBSERVATIONS SUR LES DÉVELOPPEMENS PRÉCÉDENS.

L'ouvrage du célèbre *de Humbold* nous a offert des développemens d'un grand intérêt sur les bases alimentaires ; tirons-en quelques conséquences.

Le froment et le bananier forment les deux anneaux opposés de la chaîne des bases alimentaires , sous le rapport de leur produit respectif. La pomme-de-terre va devenir l'anneau intermédiaire.

Si la banane nourrit cinquante individus , et que le blé en nourrisse à peine deux , c'en est vingt que nourrira la pomme-de-terre dans son nouvel état.

Toutefois devons-nous regretter , pour l'Europe, le bananier ? Non : car son excessive prodigalité pourrait devenir inquiétante ; tandis que la pomme-de-terre , base alimentaire , neuf à dix fois plus productive que le froment , n'a rien d'inquiétant dans l'ordre social.

L'homme est né paresseux ; dans l'état de nature, il préférera l'oisiveté, s'il jouit d'une nourriture aussi facile à se procurer que l'est celle du bananier. La faim est le premier aiguillon du travail, et fort heureusement elle n'est pas le seul.

Le grand art est d'éviter, en tout, les excès qui se rapprochent si constamment, quelque contraires qu'en soient les causes et les effets.

C'est un excès très-fâcheux qu'une substance alimentaire qui se présente comme la rosée tombant du ciel ; mais c'en est un vraiment attentatoire à ce que l'homme a le droit d'attendre de la nature et de l'organisation sociale, qu'une base alimentaire, variable dans ses produits, et dans son prix, sur-tout si elle est malheureusement *base exclusive*. Alors il règne une inquiétude vague sur la subsistance, et des craintes qui parfois se réalisent ; c'est une commotion qu'éprouve la société.

Si tel est le sort de l'homme, que le travail ne puisse que strictement suffire à sa subsistance et que par-là il se trouve réduit à l'impossibilité de satisfaire aux autres besoins, qui ne sont que trop multipliés, (je ne parlerai pas des maladies accidentelles, des infirmités d'une vieillesse précoce, car le malheur hâte la marche des années ;) alors il vit de pain et de privations.

Il y a donc sagesse à un pareil individu de ne point se donner une famille qu'il ne pourrait nourrir ; cependant, combien de ces familles qui, par cette imprévoyance de l'avenir, tombent à la charge du corps social, au sein duquel elles font un corps inquiétant ! Heureux encore quand, au lieu des asiles que l'humanité ouvre à l'indigence, ce n'est pas la justice qui doit ouvrir les siens ! car la misère fait bien des criminels.

La faim, disons-nous, est l'aiguillon du travail; mais il ne suffit point de ne pas avoir faim, lorsqu'il existe d'autres besoins de première nécessité, et c'est à la soif de ces besoins que nous devons nous confier sur les moyens d'y satisfaire.

Le sauvage a sa hutte qui le met à l'abri des injures de l'air ; il a, pour se couvrir, la peau des animaux, ou bien il va nud ; une natte pour s'étendre, c'est tout son mobilier ; il se désaltère, au défaut de sources, dans les cavités creusées par le pied des animaux ; s'il ne mange pas la chair ou les racines crues, c'est sur les charbons qu'il les cuit.

Mais faites-lui connaître un clou, une serpe, une hache, une scie ; montrez à la femme sauvage, des verroteries coloriées, en leur créant ces besoins nouveaux, sans être de première nécessité, vous les tirez de la torpeur, et en établissant avec eux des échanges de peaux d'animaux , ils deviennent plus industrieux à la chasse , et les voilà devenus commerçans.

Maintenant, que l'intérêt du commerce ou que la philanthropie , qui aurait pour objet de civiliser une pareille contrée , y sème des graines , y plante des arbres fruitiers , y introduise de la volaille , du bétail ; nos sauvages renonçant à la pêche et à la chasse , se font bientôt laboureurs et pasteurs ; car c'est l'accroissement des besoins qui amène la civilisation.

C'est ainsi qu'il faut à l'homme , placé dans les dernières classes de la société , une habitation , des vêtemens , un lit , quelques meubles , des ustensiles de cuisine ; il est malheureux s'il ne peut pas y satisfaire. Comme en Europe l'homme use de liqueurs spiritueuses , tels que vin , cidre, bière, il faut qu'il se procure ces boissons avec les productions qu'il cultive.

Voilà des besoins tout créés pour lui ; mais bientôt il se créera des besoins factices : le sucre ; le café qui , naguères encore , était l'aliment du peuple et auquel il a fallu substituer le café de chicorée ; le tabac enfin : tous ces besoins , par cela même qu'ils sont factices , deviennent tellement impérieux qu'ils passent avant les besoins réels.

Présentez du pain , de l'eau et une pipe

chargée à un fumeur tourmenté de la faim et de la soif, c'est la pipe dont il s'emparera.

C'est du tabac que demande *Condorcet*, fuyant la proscription ; épuisé de faim, de soif, de fatigue et d'alarmes, on lui présente un vin restaurant, des biscuits : *une prise de tabac*, demande-t-il, et ce n'est qu'après avoir satisfait ce besoin qu'il consent à s'occuper des autres.

Je m'entretenais tout récemment de cet empire des goûts factices, avec mon ami M. *John de Crèvecœur*, qui a beaucoup voyagé et si bien observé : voici le trait qu'il me cita. Retournant en Amérique, son vaisseau fit rencontre d'un navire venant de la Caroline et donnant signes de détresse ; la mer houleuse ne permettait pas de s'aborder, lorsqu'arriva une nacelle, montée par des hommes hâves, abattus, en un mot par des cadavres vivans. Leur vaisseau était chargé de riz ; depuis long-tems ils manquaient d'eau pour le cuire ; on les hisse. Déjà on avait préparé biscuit, jambon, vin, rhum, lorsque apercevant un paquet de tabac à mâcher, ils se jettent dessus. *Mangez donc*, leur dit-on, *buvez ; vous mourez de faim et de soif. Oui : mais nous mourons aussi du besoin de tabac*, répondent-ils ; et c'est du tabac qu'ils portent à leur bouche épuisée de salive : tout autre besoin était moins pressant.

N'en est-il pas ainsi du moral de l'homme , se créant des préjugés sociaux qu'il érige en vertus ? Tel est ce point d'honneur qui veut qu'on paie dans les 24 heures une dette de jeu , lorsqu'on ne paie pas son boulanger ; et qu'on égorge en duel son ami , pour lequel on donnerait sa vie. Mais revenons aux besoins factices. C'est à eux que notre habitant des campagnes sacrifie , quand , pour satisfaire à son luxe , il abandonne une forte hypothèque sur ses terres à l'industrieux citadin qui n'a pas de champ.

Ce luxe, il l'étend à ses animaux : non content de les bien nourrir , il veut encore que l'attirail de ses chevaux soit brillant ; il peint le collier ; sa housse est d'une couleur éclatante ; il n'y a pas jusqu'au bât qu'il ne substitue à la torche de paille de son âne.

Mais plus sensé que l'habitant des villes , celui des campagnes ne fait pas le sacrifice de son aisance : ses enfans l'auront connue , et il s'occupe des moyens de la leur assurer , en augmentant leur patrimoine. Il travaille pour étendre ses propriétés ; il achète , il bâtit pour leur laisser un toit et un champ.

Le luxe enfin , n'est-il pas également un besoin bien impérieux , puisqu'il impose des privations que toute autre cause rendrait intolérables ? Et ce luxe a atteint toutes les classes de la société , jusqu'à l'homme des champs qui a substitué à la courroie de cuir de son soulier, des boucles d'argent ; et comme elles sont larges ! comme elles sont ciselées ! Il prenait jadis l'heure au soleil, en fichant un bâton en terre, et dans l'absence du soleil, à l'horloge de son village ; il lui faut aujourd'hui une montre : sa femme et sa fille veulent aussi des bijoux, une chaîne, un cœur d'or, une croix large comme celle d'un évêque, le clavier, le gobelet d'argent. Les juste-au-corps, les tabliers de soie, la dentelle sont substitués à la laine et à la toile qu'elles filaient à la veillée.

Avec cette série de besoins qui vont toujours croissant, nous pourrions hasarder le bananier en Europe, s'il consentait à y croître ; on ne provoquerait pas pour la France, comme on l'a proposé pour les Colonies espagnoles, une cédule royale qui ordonnât la destruction de cet arbre, à l'effet de forcer au travail le bas peuple, en augmentant la masse de ses besoins, parce qu'en France il existe plus de besoins qu'il n'en faut pour stimuler l'industrie.

Recourons donc à la pomme-de-terre, qui tient, entre la banane et le froment, un juste milieu, et assure la subsistance de l'homme et des animaux.

Plus de crainte pour l'avenir ; un quart d'arpent assure un approvisionnement de deux milliers au moins de substance nourricière ; mais on ne cultivera pas seulement de la pomme-de-terre ; au lieu que ne cultivant que du blé , s'il vient à renchérir , la cupidité trompant la prévoyance , on le vend , et la disette survient ; tandis que les champs dans lesquels croît la pomme - de - terre , ainsi que la châtaigne et le sarrasin , nourrissent d'autant plus sûrement celui qui les cultive , que ces substances ne se déplacent pas et deviennent rarement objets de spéculation ; le transport d'un setier de pomme-de-terre , à une journée de distance , en a bientôt doublé le prix.

Cessons donc d'envier le bananier , l'arbre à pain et le manioc aux contrées qui les possèdent ; avec ses autres bases nutritives , mais sur-tout avec son froment et la pomme-de-terre , modifiée comme elle va l'être , le système alimentaire de l'Europe peut tranquilliser l'ordre social.

CHAPITRE V.

DE LA POMME-DE-TERRE ET DE SES APPROPRIATIONS ACTUELLES.

Considérons maintenant la pomme - de - terre sous ses appropriations connues ; examinons attentivement ce légume qu'on a tant célébré et qui mérite de l'être encore plus.

Dans les siècles mythologiques, on eût divinisé le mortel qui aurait fait ce présent au monde , et la reconnaissance lui aurait élevé un temple à côté de celui de Cérès ; aujourd'hui on ne divinise plus les bienfaiteurs du genre humain , mais au moins on leur accorde ce titre. C'est ainsi que l'Angleterre l'a décerné à l'amiral *Walter-Raleig ,* pour avoir, en 1590, introduit la pomme-de-terre dans les îles britanniques. C'est ainsi que la France le décerne à M. *Parmentier ,* qui , après avoir propagé la culture de ce tubercule, en a étendu les appropriations.

Disons d'abord tout le bien possible de la pomme-de-terre ; si nous insistons ensuite sur quelques-uns de ses inconvéniens , ce sera pour les faire disparaître et les convertir en autant d'avantages précieux pour l'économie. Car ne nous dissimulons pas que , dans son état actuel , la balance est en équilibre , et qu'il s'agit de faire pencher le plateau au profit de l'économie. Entrons donc dans quelques détails.

§ I. *De la durée de la pomme-de-terre.*

La pomme-de-terre qui , comme essentiellement nutritive , a si souvent opposé sa barrière aux disettes et aux famines, les aurait totalement écartées , si elle eût été susceptible de se conserver.

Mais on jouit à peine six mois de l'année de la pomme-de-terre fraîche. Passé ce laps de tems, elle germe ; elle est alors moins nourrissante , et répugne au goût ; l'instinct même des animaux la repousse comme moins salutaire. Cette plante appartient aux *solanum :* sa germination en développe la virulence.

Ainsi donc la pomme-de-terre cesse d'exister à l'époque où la terre n'a plus rien à offrir que quelques herbages à l'état d'aquosité ; alors que le navet, la carotte, le panais, etc. , enfin toutes les racines nourrissantes sont lignifiées; en sorte que l'habitant des campagnes , et le soldat dans

ses cantonnemens , qui ont joui de la pomme-
de-terre dans la saison d'hiver , en sont privés
sans que rien la remplace , si nous exceptons
les légumes secs. De combien va leur être préférable notre pomme-de-terre dans son état de
dessiccation!

Ce n'est pas qu'on ne parvienne à en étendre
la durée jusqu'à l'époque de sa reproduction ;
mais cela devient impossible dans les climats
très-méridionaux , où , récoltée de bonne heure,
elle germe avant l'hiver.

Prévenir sa germination exige des soins qu'on
ne sait pas prendre. Il est plus difficile souvent
de conserver que d'acquérir.

Toutefois , tant d'intérêts vont se réunir sur
la conservation illimitée de la pomme-de-terre,
soumise à des procédés nouveaux ; il en résultera de si grands avantages pour l'économie ,
que l'on n'a plus rien à redouter de l'imprévoyance même.

Si la pomme-de-terre eût été susceptible de
se conserver de l'une à l'autre année , on n'aurait
eu guères à exiger d'elle.

C'est donc aux circonstances actuelles , où
l'on a vu la pomme-de-terre disparaître et
emporter avec elle tant de regrets , que l'économie sera redevable d'une heureuse révolution dans la plus importante de ses branches ,

savoir, la subsistance de l'homme indéfiniment assurée par la conservation de la pomme-de-terre rendue inaltérable , et par les appropriations nouvelles que ses tubercules vont recevoir.

Poursuivons ses appropriations actuelles. La pomme-de-terre se mange cuite à l'eau , mieux encore cuite à la vapeur ou dans la cendre rouge, et simplement assaisonnée d'un grain de sel ; on la mange au beurre , frite , en salade ; elle entre dans plusieurs ragoûts ; sa fécule s'emploie au gras , dans du bouillon ; au lait , elle fait bouillie et crême en la condimentant de sucre , d'un jaune-d'œuf et d'un arôme.

§ II. *Des soupes économiques.*

Une des appropriations principales de la pomme-de-terre , c'est l'emploi qu'on en fait comme base des *soupes aux légumes* ou *soupes économiques* (1). Je les appelle ainsi , parce que c'est leur nom , à moins qu'on ne leur donne celui de *Helvétius* , le véritable auteur de cet aliment de l'indigence. (2)

§ III. *De la discontinuité des soupes économiques.*

L'hiver est le règne des soupes économiques , et , dans la Capitale , l'expérience a prouvé que ce secours cessait d'avoir du prix pour la classe indigente, au retour du printems.

A cette époque, il y a dégoût ; ce qui n'a pas lieu à Strasbourg , à Colmar , etc. Là , ces soupes n'éprouvent point de discontinuité ; mais aussi c'est le bouillon d'os qui en fait la base. En effet, le moyen de prévenir la satiété , c'est de faciliter l'association d'une substance animale ou de sa gélatine avec les végétaux ; ces deux règnes concourent à la nourriture de l'homme ; c'est leur union qui fait que, dans la vie commune, on ne se dégoûte pas des potages ordinaires (3).

Cuite et desséchée , d'après les procédés que nous allons indiquer, la pomme-de-terre perpétuera, pour toute l'année, les soupes économiques ; et l'on pourrait en faire même un approvisionnement de plus longue durée , si la reproduction de ces tubercules n'était pas assurée.

Dans cet état de dessiccation , ce n'est plus la pomme-de-terre, mais bien une substance farineuse toute alimentaire , d'un goût excellent et dont l'estomac ne se fatiguera plus , comme il se fatigue de ses tubercules frais et aqueux.

§ IV. *De l'addition de la pomme-de-terre dans le pain.*

Qu'on ait cherché à faire entrer la pomme-de-terre dans la masse panaire des céréales, cela se conçoit ; toutefois, il faut le dire, c'est une de ses plus fausses appropriations.

On a vu dans la pomme-de-terre cuite une pâte toute faite : mais il en est de ce tubercule comme du son, qui, sans presque rien ajouter à la masse, nuit à la qualité, à la bonté et à la confection du pain.

La pulpe de pomme-de-terre qui, pour être réduite à cet état, exige tant de peines, de tems et de combustible, enfin, le concours d'un cylindre pour en faire disparaître les grumeaux ; cette pulpe, dis-je, ne peut guères entrer dans la composition du pain au-delà du quart.

Ainsi donc, sur douze livres de farine destinées à donner 16 livres de pain, c'est quatre livres de pulpe qu'on ajoute.

Or, ces quatre livres contenant trois livres d'eau de végétation, voilà une livre et un quart au plus d'ajoutée à la masse panaire.

Ne fût-ce qu'en raison du volume qui fait lest, certes les quatre livres de pomme-de-terre auraient plus nourri que cette petite quantité de pain qu'elles représentent.

Voici donc une de ces mille erreurs de calcul en économie, et qui, en cette qualité d'erreur, a dû généralement être adoptée. (4)

Enfin, une des grandes appropriations de la pomme-de-terre crue, et sur-tout cuite, c'est de servir à la nourriture des animaux domestiques, et de concourir à l'engrais de plusieurs, tels que le porc, le mouton, le bœuf.

Quelle autre substance végétale offre autant d'avantages à l'économie nutritive ? Aucune sans doute : mais le plus grand des inconvéniens de la pomme-de-terre, est de ne pouvoir point être rangée parmi les bases alimentaires.

Ce n'est pas qu'elle ne puisse y suppléer ; mais il faut qu'elle soit, à cet effet, associée à des viandes salées ou fumées, à des poissons, puisque l'homme vit de la chair des animaux. En est-il privé ? c'est une base alimentaire de toute autre nature que la pomme-de-terre qui lui devient nécessaire.

Ce tubercule est, de toutes les racines mangeables, la plus abondante, et, en même tems, la moins appétissante. Aussi, tandis que les hommes se sont familiarisés si aisément avec tant d'autres racines, le navet, les radis, la carotte, le panais, la topinambour, la patate, etc., combien ne s'est-il pas écoulé de tems avant qu'ils se familiarisassent avec la pomme-de-

terre , parce qu'elle ne flatte ni le goût ni l'o-
dorat ?

L'instinct même qui conduit l'animal vers
l'aliment , n'a pas suffi à sa détermination sur
le choix de la pomme-de-terre. Il faut souvent
la lui déguiser en y mêlant du son , en la sau-
poudrant de sel ; mais sur-tout en la faisant
cuire , ce qui corrige l'odeur vireuse et l'âcreté
qu'elle a dans son état de crudité ; car encore
une fois n'oublions pas la famille de plantes à
laquelle la pomme-de-terre appartient.

En France , le peuple des villes et des campagnes a lutté pendant un siècle contre cet aliment. C'est à tort qu'on a accusé le préjugé de
ne point vouloir recevoir un aliment destiné aux
cochons : ne consentait-il pas à partager , avec
le porc, les pois , la lentille et l'orge ? En sorte
que c'est de la famine seule que le peuple a reçu
la leçon qui devait par la suite le dérober à ce
fléau ; et il n'a rien moins fallu que l'impérieuse
nécessité pour vaincre sa répugnance. La pomme-de-terre n'eût pas éprouvé de résistance ,
si on l'eût présentée sous forme de farine et de
gruau.

Concluons donc que la pomme-de-terre ne
peut pas être rangée dans la classe des bases alimentaires , dont elle n'a aucun des caractères ;
mais que ceux d'être sèche , farineuse , de pou-

voir se conserver, et représenter la plus grande masse alimentaire sous le moindre volume, vont bientôt lui acquérir ces propriétés essentielles.

Voilà le procès de la pomme-de-terre en nature instruit ; nous allons voir maintenant ce que l'art ajoute à ses appropriations actuelles.

NOTES.

(1) LE Gouvernement vient de faire publier une instruction sur les soupes économiques , où sont indiquées les substances qu'on y emploie et leur composition.

Comme la satiété nait de l'uniformité , il fallait varier la composition de ces soupes , en y admettant de nouveaux ingrédiens , et en diversifiant les proportions. Ce sont les procédés qu'a publiés M. *Parmentier* , et ceux que j'ai publiés moi-même , qui sont consignés dans cette instruction du ministre.

L'orge , mondé de son écorce , est une substitution que j'avais proposée dans une année où le riz avait notablement augmenté de prix , ce qui a fait le sujet d'un mémoire publié par ordre du Gouvernement , dans lequel il était facile d'établir que cette substance , la plus économique , était en même tems très - nourrissante et très-saine.

(2) Je ne cherche point à diminuer les droits auxquels M. *Benjamin de Rumfort* peut prétendre pour de louables institutions , dont l'humanité lui serait redevable ; mais comment ne pas réclamer contre les usurpations faites à la gloire de la France , et légitimées , pour ainsi dire , par l'opinion des Français eux-mêmes ? Comment persister à donner le nom de *Rumfort* à ces soupes dont la composition se trouve , à dater de plus d'un siècle , dans les ouvrages du médecin *Helvétius* , qui était aussi un philanthrope ? Comment ? Parce que M. *de Rumfort* est étranger ; comme si le Français ne pouvait faire adopter dans son propre pays d'utiles découvertes , qu'en les acclimatant en pays étranger , pour les rapporter ensuite en France. J'ajouterai : Pourquoi M. de *Rumfort* , après s'être permis de détacher ce fleuron de la couronne du médecin français , n'a-t-il pas eu l'adresse de prévenir une réclamation inévitable ? réclamation qu'à l'époque où j'avais l'honneur de présider la Société philanthropique , je crus devoir faire contre ces inscriptions de *Soupes* dites *à la Rumfort* , qui couvraient les murs de la capitale , et auxquelles je proposai à la Société de substituer celle de soupes *aux légumes* ou soupes

économiques. C'est cette urbanité du Français qui le rend trop
souvent complice de telles usurpations. Rien ne réussit en France
comme un costume et un idiôme étrangers ; tel est le caractère
d'une nation aussi hospitalière que l'est la nôtre.

(3) Ajoutons les inconvéniens que présente cette panification.

La pulpe qu'il a fallu passer au cylindre , arrive froide au
pétrin ; comme elle apporte avec elle trois livres d'eau sur quatre , on n'a plus la faculté d'employer l'eau chaude , en sorte que
l'on ne peut plus obtenir , sur-tout en hiver , le degré de chaleur nécessaire pour le bon apprêt des levains , ainsi que pour
celui de la pâte , et il en résulte un pain lourd , visqueux , dont
la croûte de dessous conserve un état pâteux ; cette partie même
est galette ; s'il y subsiste des grumeaux , le pain aigrit. Et que
d'inconvéniens , pour une livre et un quart de pain sur dix-sept !
en sorte que , comme nous avons déjà dit , mieux valait manger les quatre livres de ces tubercules en nature.

Un procédé beaucoup meilleur , et qu'on a utilement suivi tout
récemment , c'est d'introduire avec la farine de froment la fécule
et la fibre de la pomme-de-terre soumise à l'action de la râpe. Alors
ces tubercules n'apportent plus leurs trois quarts d'eau de végétation. On peut employer l'eau chaude , et c'est quatre onces de
substance farineuse qu'on ajoute par livre de farine des céréales ;
dans cet état on peut porter cette association à parties égales.

Ainsi , vingt-quatre livres de pommes-de-terre donnant
six livres de farine , et ces six livres associées à six de farine
de froment , il en résulte quinze livres de très-bon pain , dont la
moitié que représente la pomme-de-terre , ne revient qu'à la valeur de ces tubercules , à l'époque où l'on jouit de la pomme-de-
terre fraiche ; c'est le moyen le plus simple d'en faire emploi
pour l'augmentation de la masse panaire.

On saura que la fibre seule améliore les pains de farines inférieures. C'est ainsi qu'en préparant , en 1793 , un approvisionnement de fécule , je rendis au pain d'orge , qu'on destinait à
un chien de basse-cour , la substance fibreuse qu'alors on rejetait
et qui améliora de beaucoup ce pain.

(4) Il s'agit , dans cet ouvrage , de bases alimentaires ; or, la
gélatine en est une , ou plutôt c'est la seule que le règne animal
fournisse. Ce principe est plus abondant , plus nutritif dans

la substance osseuse que dans les autres parties , muscles , etc.
Aussi la livre d'os produit-elle autant de gélatine que cinq et six
livres de viande.

Les tablettes de bouillon , en raison de leur prix , ne deviennent une ressource que pour l'aisance ; la tablette de bouillon de
l'indigence , c'est une once d'os qui , concassé , donne cinq à six
onces d'une gelée consistante , laquelle fait une livre du bouillon
le plus corroborant , et cette livre nourrit autant que la livre de
pain de l'indigence , qui n'est pas très-substantiel quand il y entre
et son et criblure.

Comme ce bouillon se prépare avec les os qu'on eût rejetés ,
il ne coûte rien à la bienfaisance que le soin de le préparer ; car
la graisse que l'on retire des os , indemnise des frais de combustible ; en sorte que c'est un don gratuit que , missionnaire de
l'économie , j'ai fait à l'humanité souffrante.

Combien donc , dans les tems disetteux , ne doit-on pas regretter de ne pas voir le bouillon d'os aussi généralement adopté
en France , qu'il l'est dans tout le nord de l'Europe ! A Pé-
tersbourg , Vienne , Berlin , Stockholm , Copenhague , c'est le
bouillon de l'indigent ; il s'y prépare dans les hôpitaux civils
et militaires.

Dans un des hôpitaux de Vienne , le docteur *Veirine* a suivi
des expériences ordonnées par S. A. I. et R. le prince *Charles* ,
et leur résultat a été que le bouillon d'os est , de préférence au
bouillon de viande , celui de la maladie et de la convalescence ;
que la livre d'os équivaut à six et même sept livres de viande.
Ajoutons qu'il lance anathême contre les médecins et les dépositaires du bien des pauvres , qui n'adoptent pas ce bouillon , que
réclament , de concert , l'économie animale et l'économie proprement dite.

En Suède et en Danemarck , il est également le bouillon des
marins , dans les voyages de long cours. Le *Journal de Paris* ,
du 7 mai 1812 , annonce l'établissement , fait par ordre du roi ,
d'un moulin , à Copenhague , pour la préparation des os.

Les deux savans Danois qui président à cette institution , et
dont les expériences antérieures sont devenues l'extension de mon
Mémoire sur la gélatine des os , présentent , pour le Danemarck ,
un calcul semblable à celui que j'avais présenté pour la ville

de Paris. Il en résulte que la masse d'os , qu'on rejette , provenant de la quantité de viande consommée dans la Capitale , suffirait pour procurer chaque jour du bouillon à toutes les classes indigentes.

Cependant , tout en regrettant de ne pas voir l'adoption du bouillon d'os , en France , aussi étendue qu'elle devrait l'être , je dois dire que ce mode alimentaire compte des administrateurs éclairés qui l'ont accueilli. M. *le Tourneur* de la Manche , à Nantes , en a fait dès l'origine des embarcations. MM. les comtes *Cafarelli* , à Brest , pour les bagnes ; *Malouet* , à Anvers ; MM. les barons de *Lezai de Marnésia* , la *Doucette* , *Desportes* . dans les départemens du Bas et du Haut-Rhin , de la Roër , etc. Enfin , S. Ex. le ministre de l'administration de la guerre a fait entrer ce bouillon dans le régime de l'Ecole polytechnique ; il est également admis à l'Ecole militaire de Saint-Cyr , etc. , etc.

Deux millions d'hommes , peut-être , qui . en Europe , jouissent de ce bienfait alimentaire , anéantissent les objections qu'on a pu élever sur cet objet.

Je termine cette note par ces deux réflexions :

Comment donc les moyens les plus simples (tel est celui de la division des os) sont-ils constamment ceux qui se présentent les derniers aux recherches de la science ? C'est parce que l'homme laisse aller son imagination , au lieu de suivre la route que lui ouvre la raison et que lui trace l'observation ; car il n'a point ici à s'excuser sur les préjugés. Il n'y en avait point à combattre ; on sait que les os contribuent à améliorer le bouillon de viande.

Maintenant on se demande comment ce mode nutritif une fois connu , et malgré tant d'avantages qu'il offre , ne fût-ce que *de ne rien coûter ,* s'introduit si lentement dans les asiles de la maladie et de l'indigence ? Cette demande peut se faire : mais pour l'honneur de l'espèce humaine , il faut s'abstenir de la réponse.

CHAPITRE VI.

NOUVELLES APPROPRIATIONS DE LA POMME-DE-TERRE.

Les appropriations usuelles de la pomme-de-terre récente sont, comme on vient de le voir, fort étendues. Cependant, leur cercle paraîtra bien circonscrit d'après l'extension que nous allons lui donner : tout en conservant ses anciennes appropriations, elle va en acquérir de nouvelles.

Cela se réduit à lui imprimer un caractère de conservation ou plutôt d'inaltérabilité, telle qu'on puisse étendre même à une longue suite d'années, sa durée, qui n'est que de quelques mois. C'est ce qu'on obtient par sa dessiccation.

Alors nous l'aurons rendue aussi nourrissante dans ce nouvel état, qu'elle l'est peu dans son état naturel ; en sorte que nul légume sec ne sera ni plus savoureux ni plus alimentaire.

De ce double caractère de conservation et d'esculence (qu'on me passe ce mot), résultent ses appropriations nouvelles qu'elle doit partager avec toutes les bases alimentaires.

§ I. *De la conservation de la pomme-de-terre par dessiccation.*

Disons d'abord que c'est *Malesherbes* qui, il y a trente ans, avait conçu l'idée de soumettre à la dessiccation la pomme - de - terre, pour en assurer la conservation.

Cependant, il n'était question, il y a deux ans, dans les papiers de Londres, dont les journaux français se rendirent l'écho, que d'élever un autel au célèbre Anglais sir *John Sinclair*, qui venait tout récemment de proposer cette préparation de la pomme-de-terre pour les embarcations maritimes. (1)

On ignorait, sans doute, en Angleterre, puisque même on l'ignorait en France, que *Malesherbes* fût auteur de la découverte. Ce n'est pas cependant qu'en fait de découvertes et de sciences, l'Angleterre ne soit aussi en état d'hostilité avec la France; mais au moins cela ne peut pas avoir lieu entre hommes d'une haute célébrité et faits pour s'honorer. (2)

Maintenant, réunissons quelques matériaux épars dans le champ de l'économie, et dont cette science est redevable à *Malesherbes*, à M. *Parmentier*, à M. *Chancey*, etc., etc., et récemment à M. *Loys*, dont la Bibliothèque britannique vient de publier une notice très-intéressante sur les comestibles.

Appareillons ces matériaux, et ajoutons-y-en d'autres, pour élever un nouvel édifice à la subsistance de l'homme et des animaux domestiques.

Rien de nouveau, s'écrie-t-on ! *on a tout dit !* Cela n'est pas exact dans le siècle où nous vivons. Du moins faut-il avouer qu'*on n'a pas tout fait*, et que même, dans les choses faites, *il y a beaucoup à refaire :* témoin les arts anciens qui, de nos jours, reçoivent de si grands perfectionnemens.

Ce n'est pas que le germe de beaucoup de vérités n'existe : mais que peuvent produire ces germes disséminés, et dont un si grand nombre tombe sur la pierre ? Ils ne peuvent se développer et prospérer que dans une terre préparée pour les recevoir ; c'est là qu'ils croissent et fructifient. Moi-même, sans les circonstances actuelles, j'eusse oublié ce que j'avais publié, il y a deux ans, sur l'extension alimentaire qu'on pourrait obtenir de la farine de pomme-de-terre et de son parenchyme qu'on rejetait.

Pour conserver la pomme-de-terre, nous allons la cuire à la vapeur, la couper par rouelles et la sécher au four.

Sa cuisson, préalable à sa dessiccation, est une modification qu'il a fallu apporter au procédé de *Malesherbes*, sans quoi la pomme-de-terre ne reprend plus l'eau, et sa solidité est telle qu'il devient difficile de la réduire en farine.

Cette cuisson opère la dissolution par l'eau de végétation, et de la fécule et de la fibre, pour faire un tout homogène de ces trois principes distincts dans la pomme-de-terre récente.

En la divisant et la desséchant, elle n'a plus alors à perdre que son eau de végétation, et la voilà assimilée aux légumes desséchés.

Dans ce nouvel état, elle est inaltérable; tandis qu'aucune espèce de légume sec ne passe à la seconde année sans altération.

Tout légume perd beaucoup par la dessiccation, même la plus soignée. Témoin le pois sec, qui conserve si peu de ressemblance avec le pois vert, qu'ils semblent ne point s'appartenir; tandis que la double coction de la pomme-de-terre la différencie d'elle-même, par l'amélioration qui en résulte, au point de lui avoir entièrement soustrait cette odeur, cette saveur âcre qu'elle tient de son suc.

Nous reprochions tout-à-l'heure à la pomme-de-terre d'être privée de cette esculence (je répète ce mot parce qu'il exprime mieux ma pensée), qui caractérise nombre de racines alimentaires. La saveur sucrée de la châtaigne cuite, que lui ont imprimée sa cuisson à la vapeur et sa dessiccation au four, est due à la double action du feu, dont l'effet est non-seulement de développer le principe sucré qui appartient spécialement à son parenchyme, mais même de concourir à sa formation.

Par la dessiccation, la pomme-de-terre acquiert de la transparence ; elle ressemble à de la corne, plus ou moins laiteuse ; c'est une colle-forte végétale. Ces tubercules sont ce qu'est au bouillon de viande les tablettes qu'on en prépare, c'est-à-dire, que sous le moindre volume elles donnent le plus de substance alimentaire.

§ II. *La pomme-de-terre assimilée aux légumes secs.*

Notre pomme-de-terre cuite à la vapeur, coupée par rouelles et desséchée, remplira toutes les conditions de la pomme-de-terre fraîche.

Il y a plus : elle s'assimile aux légumes secs, reprenant, comme eux, eau à la cuisson, s'y amollissant, et se prêtant indistinctement à tout ce que la cuisine obtient de ces tubercules frais.

Tout légume sec, (tels que pois, lentilles et fèves), fait base alimentaire, cuit, ou réduit en purée. C'est donc une base alimentaire de plus que la pomme-de-terre vient offrir aux diverses économies.

Voyons avec quels avantages se présente ce légume nouveau.

Il n'est pas , comme tous les autres légumes , susceptible d'être dévoré par le ver ou puceron ; d'où résulte une déperdition de la substance farineuse , telle que souvent il ne reste du pois et de la lentille , que l'écorce et le débris des insectes , indépendamment de l'altération sensible de la saveur dans tout légume ainsi attaqué.

On se rappellera que la pomme-de-terre vient d'acquérir une saveur légèrement sucrée analogue à celle de la châtaigne.

Enfin , le plus important de ses avantages , est d'être éminemment alimentaire , et beaucoup plus , à poids égal , que tout autre légume. La livre , dans cet état de dessiccation , représente , à-peu-près , le quadruple en poids de la pomme-de-terre fraîche.

Mais ce qui sur-tout étendra les appropriations de la pomme-de-terre desséchée , c'est sa division au moyen de la mouture ; ainsi que des céréales , froment , orge , avoine , maïs , nous en obtiendrons de la farine et du gruau. C'est sur-tout à l'un et l'autre de ces produits du maïs, qu'on peut comparer ceux de la pomme-de-terre, ou plutôt ne les comparons qu'à eux - mêmes ; car ils n'appartiennent vraiment plus à la pomme-de-terre.

En effet, cette farine et ce gruau sont susceptibles de tous les apprêts. Ont-ils pour véhicule
le bouillon gras ? on confon l ce potage avec
celui de maïs, sur-tout si notre pomme-de-terre
a subi un degré de chaleur qui la torréfie. Si le
véhicule est du lait, c'est une excellente bouillie
qui n'a pas besoin d'assaisonnement. L'accom-
mode-t-on en purée ? on hésite à prononcer,
mais on n'y reconnaît pas la pomme-de-terre ;
en sorte que c'est à-peu-près la manne des Israélites offrant toutes les saveurs. Enfin, la pré-
pare-t-on au lait, avec des jaunes d'œufs et un
arôme ? c'est une excellente crême qui exige peu
de sucre, car cette farine est sucrée.

La légère torréfaction qui l'amène à la couleur blonde de la croûte de pain, lui en donne
absolument le goût ; et dans cet état, il est impossible de ne pas s'y méprendre ; c'est pour
tous les palais de la chapelure de pain.

L'habitude, et sur-tout l'instinct de l'estomac
qui fait les goûts comme il fait les antipathies,
ne tarderont pas à assurer à ces produits la préférence sur plusieurs substances farineuses et légumineuses.

NOTES.

(1) La France avait , dès long-tems , pris l'initiative sur l'Angleterre. Il y a vingt-cinq ans que, sous le ministère de M. le maréchal de Castries , M. *Parmentier* et moi préparâmes à l'Ecole de boulangerie , des quintaux de biscuit de pommes-de-terre. Il fut embarqué pour les Iles et adressé à M. *Rupins* , alors intendant aux Colonies , et aujourd'hui conseiller-d'état.

Tandis que le biscuit de froment se détériore si promptement en mer , parce que cette farine porte les élémens de sa détérioration , le biscuit de pomme-de-terre renvoyé , l'année suivante en France , et oublié dans le port de Brest pendant six mois , sortit de sa caisse tel qu'il était sorti du four ; quelques biscuits formant le lit supérieur avaient été frappés , à leur surface , de moisissure ; mais elle n'y adhérait pas plus que sur la pierre.

La révolution s'approchait, et ce n'était pas un moment favorable pour l'admission de ce mode alimentaire. On ne s'occupe point à bâtir sur des monceaux de ruines : mais n'est-il pas étonnant que l'Angleterre , puissance nécessairement maritime , et si familiarisée avec la pomme-de-terre , ne se soit pas empresssée d'accueillir cette découverte , bien supérieure à l'idée de la dessiccation de nos tubercules ? Le biscuit est bien base alimentaire en mer , et la pomme-de-terre en deviendrait l'accessoire ; en sorte qu'elle se présenterait comme panifiable et non panifiable.

(2) J'insérai dans le *Journal d'économie rurale et domestique* de mai 1812 , cette réclamation-ci : « Déjà *Malesherbes* avait indiqué la pomme-de-terre , coupée par tranches et desséchée au four , comme une substance alimentaire inaltérable , caractère que lui donne l'état corné qu'elle doit à ce degré de chaleur qui dissout et combine fécule , parenchyme et principe extractif, pour n'enlever que l'eau de végétation. »

« Les journaux français , cependant , s'étaient réunis tout récemment , pour célébrer ce procédé que l'Angleterre attribuait à l'un de ses savans , et qu'elle préconisait comme un bienfait qui sollicitait la reconnaissance de l'Europe. Oui , c'est le sentiment que cette découverte doit inspirer ; et voilà comme l'Europe et la France l'acquittaient envers *Malesherbes* ! Mais les journaux qui avaient voté un autel au savant anglais , n'ont pas cru devoir publier cette réclamation. »

Exceptons ici le *Journal de Paris* , qui inséra la lettre que je lui adressai à ce sujet.

CHAPITRE VII.

PRODUITS OBTENUS DE LA POMME-DE-TERRE PAR DESSICCATION.

Les objets nouveaux permettent de s'écarter d'une concision rigoureuse ; il faut revenir sur les mêmes idées pour qu'on s'y familiarise , et la répétition est le burin qui les grave ; d'ailleurs , on n'en dit jamais assez pour l'économie destinée à exécuter les procédés.

C'est de ces procédés que nous allons nous entretenir.

Procédés de la dessiccation.

On procède à la dessiccation de la pomme-de-terre de plusieurs manières :

Le lavage à l'eau de ces tubercules ;

Leur cuisson à la vapeur ;

Leur section en tranches ou rouelles minces;

Leur réduction sous forme de gruau.

Et la dessiccation s'opère au four ou à l'étuve.

Du lavage.

On lave la pomme-de-terre à grande eau, dans une auge ou dans un cuvier, à l'aide d'une brosse à manche, si un balai usé, dont on les frotte, ne suffit pas pour en détacher les portions terreuses logées dans la cavité des yeux.

Ce sont les procédés de l'économie domestique que nous allons décrire ; car, dans les ateliers où l'on traiterait en grand ce genre de fabrication, il faudrait y employer les divers appareils qu'offrent les manufactures de sucre de betterave, sauf quelques modifications sur lesquelles on peut s'en fier à l'industrie et à la mécanique, qui l'une et l'autre reçoivent chaque jour de nouveaux perfectionnemens.

Machine à laver.

Pour le lavage en grand, on emploierait le cylindre à claire-voie servant aux betteraves, et qui se mouvant horizontalement dans l'eau, fait rouler la pomme-de-terre sur elle-même, ce qui la nettoie ; une bonde, placée au bas de la cuve, sert à faire écouler l'eau avec la terre qu'elle a détachée des tubercules.

Cet appareil simple et peu coûteux, devrait être adopté dans l'économie domestique, pour le lavage de toute espèce de racines qu'on donne aux bestiaux.

De la cuisson à la vapeur.

Il y a plusieurs manières de cuire les racines destinées à la subsistance de l'homme et des animaux ; savoir : dans l'eau bouillante ; à la vapeur de l'eau, ou à la chaleur sèche de cendres chaudes ; à celle du four ou de l'étuve.

Bornons-nous ici à dire que le mode préférable de cuisson est à la vapeur de l'eau bouillante, comme cuisant plus promptement que cette même eau, dont un des inconvéniens est de pénétrer la substance et de se substituer à son eau de végétation ; ce qui appauvrit et affadit le légume à cuire : tandis que la vapeur ajoute à sa sapidité, ainsi que le fait la chaleur sèche ; car la vapeur de l'eau bouillante ne mouille pas la substance qui y est exposée.

La pomme-de-terre cuite plus promptement, il y a économie de tems.

Il y a également économie d'eau, d'ustensiles et de combustible.

On est souvent forcé, sur-tout dans les campagnes, d'économiser l'eau de fontaine, et il en faut un grand volume pour cuire un quintal, par exemple, de pommes-de-terre ; d'ailleurs, tout légume cuit mal dans l'eau de puits, tandis qu'on peut indifféremment cuire à la vapeur des eaux les plus crues.

Il est rare, dans l'économie domestique, d'avoir des chaudières d'une très-grande capacité ; et une chaudière ordinaire de fonte contenant dix à douze pintes d'eau suffit pour opérer la cuisson de ce quintal.

Voici l'appareil : on a un tonneau défoncé qu'on ajuste à l'orifice de la chaudière ; au fond inférieur du tonneau, on substitue un grillage en fer pour plus de solidité. Le tonneau placé sur la chaudière, on l'emplit de pommes-de-terre ; on en bouche l'orifice supérieur avec un couvercle qui ferme bien ; on met le feu sous la chaudière ; on entretient l'eau en ébullition, et la vapeur qui circule dans la masse de pommes-de-terre, les amène à l'état de cuisson. On doit veiller à ce qu'il ne s'échappe point de la vapeur, et on y remédie avec de la terre pétrie pour la jointure du bas, et avec de vieux linge pour la jointure du couvercle supérieur.

On conçoit quelle doit être l'économie du combustible ; car cela se réduit à entretenir, pendant à-peu-près deux heures, dix à douze pintes d'eau en ébullition. (1)

C'est de l'économie domestique que nous nous occupons ; et pour elle il faut simplifier les moyens. Tout petit ménage a son foyer et une marmite de fonte. Ce sera donc cette marmite qui, tout en faisant la soupe, va nous servir à cuire un boisseau ou deux de pommes-de-terre. Un seau, un petit tonnelet, voilà l'appareil à la vapeur; la pomme-de-terre sera aussitôt cuite que la soupe faite, et il n'en aura rien coûté pour cette cuisson. La ménagère fera sécher sa pomme-de-terre dans son four si elle cuit, ou dans le four d'une voisine qui cuira, et le soir elle aura quinze ou vingt livres de pommes-de-terre desséchées; elle peut, deux ou trois fois par semaine, en préparer cette quantité; de novembre, époque de la récolte, jusqu'en avril, voilà six mois d'employés à un approvisionnement de quatre ou cinq cents livres de nos produits. En sorte que cinq ou six perches plantées en pommes-de-terre lui auraient assuré sa nourriture de toute une année; car, si ce n'en est pas le principal, ces produits en sont un bon accessoire.

Nous estimons le setier de pommes-de-terre à cinquante sols; et comme il n'en a rien coûté pour cette préparation qu'un peu de tems dont on ne manque pas en hiver, ces cinq cents livres n'ont pour notre petit ménage qu'une valeur de trois centimes la livre. Or, la banane n'est guères plus économique.

Reste maintenant à l'ami de l'humanité , au propriétaire libéral , à introduire ces procédés dans la chaumière des habitans de la campagne ; il en empruntera le four et leur laissera un clayon de nos produits qu'il y aura envoyé dessécher ; ou qu'il invite à sa table quelques classes honorables de familles rurales qui font autorité ; il se fait beaucoup d'affaires le verre à la main. L'exemple est d'ailleurs la seule instruction populaire. Citons une preuve. Maintenant, dans ma commune (à Franconville-la-Garenne), le paysan cuit sa pomme-de-terre à la vapeur , parce qu'il voit cet appareil dans mon économie domestique. Du reste, les moyens ne manquent pas à celui qui veut le bien ; il y a l'art de tout faire , mais n'y a-t-il pas aussi l'art de tout dire ? sur-tout quand il s'agit de choses positives. Ayons donc le courage de braver le rire dédaigneux de l'homme indifférent au malheur de ses semblables , et qui, lorsqu'il dîne, ne réfléchit point au nombre de gens qui ne dîneront pas ; bravons également le sarcasme de ce gastromane rassasié qui vient de dîner à trente francs par tête , et qui ne suppose pas qu'un honnête homme puisse vivre à meilleur marché.

Disons à ce gastromane que ces trente fr. vont suffire à alimenter , pour l'année entière , le petit propriétaire de deux arpens , qui peut à peine en distraire le quart pour la culture des céréales, ce qui le rend bien voisin de l'indigence. Cette proposition va, sans aucun doute, paraître *à celui qui vit pour manger*, un paradoxe bien extraordinaire, mais elle n'en sera pas un pour l'indigent trop heureux de *manger pour vivre*.

Réalisons ce rêve singulier de l'économie, et faisons l'emploi de nos trente francs.

Il y a d'abord à prélever quinze fr. que coûtent nos six setiers de pomme-de-terre.

Maintenant, que cet individu reçoive, par semaine, deux ou trois livres d'os, de la bienveillance d'un propriétaire de sa commune. Cette quantité d'os (ayant bouilli dans la marmite du donateur, pour n'y abandonner qu'un trente-deuxième de leur gélatine), donnera, pour la semaine, de dix à douze pintes d'un bouillon tenant en dissolution de douze à quinze livres de gélatine, et qui, refroidi, prendra *consistance de gelée*. Ce bouillon moins savoureux, et qui peut l'être autant que celui qui aura été servi sur la table de notre sybarite, en condimentant également l'un et l'autre, sera beaucoup plus sain et beaucoup plus nutritif.

Il y a le *Cuisinier impérial*, la *Cuisinière bourgeoise* ; commençons ici la *Cuisine de l'indigent*, et donnons-lui des mets que l'aisance consentira bientôt à partager avec lui.

Tel est d'abord le bouillon d'os : en effet, dans les chaleurs de l'été, on ne peut pas prétendre à du bouillon frais, au moins à la campagne où le boucher ne tue qu'une fois la semaine ; cependant un enfant au sevrage, un vieillard, un malade, un convalescent, ont besoin de bouillon ; or, les dix livres d'os qui proviendront des quarante livres de viande faisant la provision du château, procureront, pour tous les jours de la semaine, du bouillon frais ; et ce sera de trente à quarante pintes d'un bouillon, sous beaucoup de rapports, préférable à celui de viande, que le médecin repousse dans plusieurs cas de maladies. et auquel il substitue de la gelée. La gélatine est la meilleure des gelées.

Le bouillon d'os est celui de la santé, de l'enfance, de la vieillesse, de la maladie, de la convalescence ; et cette quantité permettra d'en distribuer aux indigens malades et aux enfans de la commune.

Ces détails sont de nature à inspirer quelques remords à la bienfaisance, mais sur-tout à la charité, cette vertu qui inspire au chrétien des obligations plus rigoureuses que la philanthropie qui n'est qu'une heureuse disposition de la nature, tandis que la charité a sa source dans le sein de la Divinité.

C'est donc ce même bouillon qui se préparera et sous la chaumière de notre indigent et dans le château.

Le pauvre et le riche prépareront également une excellente polenta avec notre farine ou notre gruau cuit dans ce bouillon. Et quel aliment que celui qui se compose d'une base alimentaire animale , la gélatine , et de ces produits de la pomme-de-terre , devenue par la dessiccation quatre fois plus nourrissant que ses tubercules en nature !

Si notre commensal a une vache ou une chèvre, il se fera , du lait non vendu et de notre farine, une excellente bouillie, non moins savoureuse que celle de froment.

A-t-il des poules? Il ajoutera à cette bouillie , pour se distraire de l'uniformité de son régime, un jaune d'œuf : et s'il y joint la feuille de laurier-amande , ce plat ne différera en rien de celui qu'on servira à l'entremets sur la table de son riche voisin.

Voici quelques points d'assimilation entre le régime nutritif du pauvre et celui du riche ; la différence est telle que ce dernier , pressé par l'aiguillon de la faim , serait repoussé de la table de l'indigence par le dégoût. Comment, en effet, consentir à partager un pain d'orge ou de sarrasin ? et pour potage , de ces mêmes pains trempés d'un bouillon composé de légumes secs et vermoulus ? Car le paysan ne cultive ni herbages ni racines potagères, et pour la plupart du tems il ne connaît que des bouillons condimentés de force sel et de graisse rance C'est ainsi que dans nombre de contrées se nourrissent *les dix-neuf vingtièmes de la population des campagnes.* Tous les hommes sont également conviés par la nature au banquet de la vie, mais tous n'y ont pas une part égale.

Ce même riche, tout à l'heure égaré à la chasse, et trouvant dans la cabane du pauvre le repas que je viens de lui préparer, mangera de bon appétit, parce qu'il retrouvera quelquefois sur sa table ces mêmes produits et préparés de la même manière, gaude, bouillie, crème faite avec notre farine ou notre gruau ; enfin la pomme-de-terre mise en purée et accommodée avec la graisse savoureuse des os.

A l'Ecole polytechnique, à l'Ecole militaire de Saint-Cyr, on économise par jour, pour l'apprêt des légumes, de vingt-quatre à trente livres de beurre par l'emploi de la graisse qui surnage le bouillon ; cette graisse médullaire est plus agréable que celle du bouillon de viande qui a un peu l'odeur et la saveur du suif.

Mais terminons par régler la dépense alimentaire de notre individu pour son année ; nous avons à dépenser le prix du dîner du sybarite , *trente francs.*

Pour six setiers de pommes - de - terre , qui donnent cinq quintaux de nos produits , quinze francs : voici moitié de la somme.

Or ces cinq quintaux , à une livre et demie par jour , font la nourriture d'une année , parce que les quarante-cinq livres de sa consommation du mois représentent cent cinquante livres de pommes-de-terre en nature , ce qui fait cinq livres par jour , et que dans son état de siccité , c'est le triple de son poids que la farine absorbera d'eau , pour en obtenir de la gaude très-consistante ; notre homme sera parfaitement nourri , sur-tout par l'association du bouillon d'os qui est si nutritif.

Comme ces os ne lui ont rien coûté , ainsi que sa graisse , avec ce don gratuit de la bienveillance qui complète son régime alimentaire , nous n'arriverons pas à nos trente francs. Car nous n'évaluerons point son combustible qui ne lui coûte guères plus que ses os. Son tems ! c'est en hiver qu'il a fait son approvisionnement , et dans une saison d'oisiveté , occasion de débauche , nous lui faisons une occupation qui le retient à la maison.

Quant à ses soins , il les aurait donnés à l'apprêt de sa soupe. Que faire donc de nos quinze autres francs ? Ils ajouteront à sa nourriture un tonneau de boisson ; il y a les miracles de la Providence : en voici un de l'économie.

Le peu d'orge ou de sarrasin qu'il aura récolté, il le convertira en un pain qu'améliorera notre farine, et dont elle augmentera la masse des deux tiers.

Tout étranges que soient ces propositions, il ne serait pas facile de les infirmer.

La saison des travaux reviendra. *Le tems* du cultivateur *est son champ*. Or, notre base alimentaire non panifiable lui en économise beaucoup : mais économisons-lui-en davantage encore ; car la soupe à faire enlève au moins une heure, et c'est par cette économie de plus que je termine mon roman pour ceux qui ne verront, dans cet article, qu'un chapitre de Robinson-Crusoé.

Notre homme va s'abonner avec le maréchal ou le serrurier de son village, pour, tous les matins, lui faire rougir un boulet de fer qui, placé dans son fourneau, cuira son repas et le lui tiendra chaud jusqu'au retour des champs.

Si pour quelques gens ce boulet chauffé pouvait paraître trop ridicule, disons-leur que c'est M. *Pictet* de Genève qui me l'indiqua comme un moyen imaginé par un compositeur italien, et que je l'ai vu depuis réaliser ici. (2)

A Athènes, devenu sybarite, on eût ri de ce *Traité de cuisine de l'indigence* : on n'en aurait pas ri à Lacédémone où il eût fourni un repas d'Épicurien ; et certes Alcibiade aurait préféré notre menu à la sauce noire.

Aussi Xénophon, dans son immortel ouvrage des *Économiques*, ou les dialogues qu'il met dans la bouche de Socrate et d'Isocrate, portent quelquefois sur les détails les plus minutieux, Xénophon eût consacré ceux-ci ; mais c'est surtout comme général que, frappé des avantages qu'offre au soldat, dans les camps et dans les marches, ce régime alimentaire, il l'eût offert à l'économie militaire.

En effet, un corps d'armée en marche, campé dans un champ de pommes-de-terre, s'en nourrit, mais il ne peut pas se charger d'une provision de plus d'un ou deux jours, tandis que c'est la provision d'une semaine de nos produits, que le soldat peut emporter avec lui. Mais sans aller recourir à l'antiquité, citons le patriarche de l'économie en France, le bon *Olivier-de-Serres* ; quel prix n'eût-il pas attaché à ces résultats, lui qui donne, avec tant de complaisance, des recettes qu'il qualifie d'exquises et qu'on n'approcherait pas aujourd'hui de ses lèvres ! tandis que l'usage aura bientôt rendu populaires nos produits nutritifs, savoureux, inaltérables, et qu'il est très-facile de préparer. Mais, du tems d'*Olivier-de-Serres*, l'économie était la vertu de cet âge, et sur-tout la vertu du sexe, dans les classes les plus relevées de la société !

La lecture des papiers anglais va me fournir une nouvelle digression qui rentre dans ce sujet.

Les journaux de Londres, du 13 juin 1812, rendent compte du résultat d'une assemblée réunie à la taverne des francs-maçons, et à laquelle ont assisté LL. AA. RR. les ducs d'Yorck, de Kent, de Cambridge. Cette assemblée avait pour objet la détresse des ouvriers et les moyens de venir au secours du nombre excessif de pauvres manquant de subsistances.

Après de longues discussions, écartant ces petites ressources insignifiantes telles que de renoncer aux poudings, aux pâtes, à la pâtisserie, comme si ces diverses modifications de la farine n'étaient pas autant et plus nutritives que le pain, sur-tout en raison des assaisonnemens et des arômes *qui sont aussi nutritifs ;* après ces discussions, dis-je, l'assemblée s'est réduit à la proposition que voici : « L'objet principal est d'apprendre au peuple un art qu'il ignore entièrement, celui de tirer le meilleur parti possible des alimens qu'il a à sa disposition, » et il a été nommé un comité à cet effet.

On ne peut pas se dissimuler que l'énonciation de cette proposition ne pût devenir le titre
de cet ouvrage, qui est lui-même la solution
de ce problême, sur-tout pour l'Angleterre et
les trois royaumes, où la pomme-de-terre joue
déjà un si grand rôle : car ce n'est plus que
de nouvelles appropriations à admettre d'un
aliment depuis long-tems populaire.

L'Europe entière paraît avoir plus ou moins
souffert cette année de la disette des grains :
que les Gouvernemens, ainsi que les corps savans qui, parfois, proposent des sujets de prix
un peu oiseux, profitent de cette circonstance;
qu'ils se réunissent donc pour, dans chaque
contrée, puisque les bases alimentaires varient
d'une région à une autre, soumettre au concours cette question que vient de poser l'Angleterre elle-même.

Il est vraiment injurieux à l'humanité que
l'économie se soit occupée avec tant de suite,
et qu'elle ait publié un si grand nombre d'ouvrages sur le régime alimentaire des animaux :
le cheval, le bœuf, le mouton, jusqu'au lapin,
jusqu'à la perdrix et au faisan dans les garen-
nes ! Jadis il fallait retarder la coupe des foins
pour ne pas déranger les couvées, et sur-tout
ménager les nids de fourmis, tandis que cette
pauvre espèce humaine a été oubliée ! si on

excepte quelques traités d'hygiène et de clinique qui , dans le cas d'épidémies , leur assignent parfois pour cause l'abus du régime alimentaire.

On célèbre ces expériences nouvelles par le moyen desquelles on a obtenu un gaz qui excite la fureur , le rire , enfin la mélancolie. Ce dernier effet était connu en Grèce , où l'émanation de telle eau respirée par l'initié , le plongeait pour la vie dans un état de tristesse invincible.

Parmi les naturalistes , *Fontana* ne s'est-il pas immortalisé pour avoir découvert et essayé de nouveaux poisons , sans en avoir trouvé ou même cherché les antidotes , lorsque le sauvage porte dans son carquois et ses flèches empoisonnées et leur contre-poison ? Mais la science ne demeurera plus indifférente sur la subsistance de l'homme. Jusqu'alors l'habitude de le voir vivre a laissé croire qu'il vivait : on a confondu la sobriété avec l'insuffisance alimentaire.

Abstenons-nous donc de déclamations , et disons que le sujet de prix le plus intéressant serait cette question :

« Indiquer quel est , dans chaque contrée , le régime habituel du peuple : quelle est sa base alimentaire : quels en sont les inconvéniens , sous les rapports nutritifs , hygiéniques et économiques : en proposer un plus conforme , et qui puisse sur-tout écarter toute crainte sur les subsistances pour un plus ou moins long avenir, tel enfin qu'on puisse faire l'application de ces moyens dans les dépôts de mendicité, dans les prisons, les bagnes. »

Mais il est tems de revenir à nos procédés, l'objet de cet article. On me pardonnera sans doute cette digression, elle devait naturellement trouver sa place dans la partie de l'ouvrage consacrée aux diverses applications de nos produits à toutes les branches de l'économie. Je me flatte d'ailleurs que les détails auxquels je me suis abandonné, jetteront quelque intérêt sur ces mêmes procédés, dont le résultat est d'offrir aux classes les plus indigentes une ressource alimentaire qui puisse assurer leur existence. Ce qu'on a dit de Londres est applicable à toutes les grandes cités, et peut-être à toutes les contrées de la terre ; que le soleil éclaire, chaque matin, une immense population qui n'est rien moins qu'assurée d'un premier, d'un seul repas pour sa journée. Cette idée a quelque chose de trop affligeant pour ne pas s'en distraire par celle de pouvoir y remédier.

De la dessiccation de la pomme-de-terre.

La pomme-de-terre cuite, on la pèle encore chaude et on la coupe par tranches ou rouelles.

On la pèle, pour en obtenir une farine plus belle et homogène, quoique cette pellicule soit si mince, sur-tout après sa dessiccation, que ce soin devient superflu, sur-tout dans une manutention en grand ; une farine un peu piquée est le seul inconvénient qui en résulte.

Alors on met nos rouelles sécher au four, sur l'âtre ou sur des clayons, mais de préférence à l'étuve. On fera bien d'en sécher partie au four, afin d'obtenir une portion de pomme-de-terre légèrement torréfiée, ce qui devient un mode de varier nos produits et d'ajouter à sa saveur celle de *croûte de pain*.

De la conversion de la pomme-de-terre desséchée.

Voici notre pomme-de-terre desséchée ; nous avons quatre lots à en faire.

Une partie se conservera sous cette forme de rouelles, et représentera ces tubercules en nature, qu'on coupe ou qu'on écrase selon les apprêts auxquels on les destine.

L'autre partie sera convertie en farine et en gruau.

En torréfiant légèrement la pomme-de-terre nous nous sommes ménagé une seconde espèce de gruau, qui ne diffère de l'autre que par cette

saveur de chapelure de pain, qui le rapproche du maïs.

Du gruau.

Il n'y a qu'une manière de réduire en farine
toute substance destinée à y être convertie, telles
que les céréales et les graines légumineuses ; c'est
de moudre la substance et d'en séparer la portion la plus fine à l'aide d'une étoffe d'un tissu
serré. C'est la farine.

Le gruau est la portion moins divisée et qui
se tamise dans une étoffe d'un tissu plus lâche ;
pour l'économie en grand, c'est la seule manière de préparer la farine et le gruau de la
pomme-de-terre par dessiccation.

L'économie domestique préparera parfaitement bien notre gruau, au moyen d'un petit
instrument fort simple, qui consiste en un tube
de fer blanc ou de cuivre étamé, un peu plus
évasé à sa partie supérieure, et percé de trous
comme une passoire dans les deux tiers de sa
partie inférieure.

On met la pomme-de-terre cuite à la vapeur,
pelée, sans être coupée et chaude encore, dans
le tube. Au moyen d'un cylindre de bois dur,
garni à son extrémité d'une poignée, la pomme-de-terre, comprimée, s'échappe à travèrs
les trous de l'instrument, en forme de ver-

micelle. Si on le saupoudre avec de la fécule de pomme-de-terre , on diminue l'adhérence de ses filamens.

On peut sécher ce vermicelle à l'air , à l'ardeur du soleil , à la chaleur du four ou de l'étuve.

Comme les filamens de ce vermicelle n'ont pas une forte adhérence , il suffit de les briser , une fois secs , dans les mains , et on le réduit en gruau.

Ce tube , garni de deux oreilles et assujéti avec deux écrous sur une planche forte , peut expédier beaucoup de ce vermicelle.

Enfin , en donnant à cet appareil une plus grande dimension , et substituant un levier pour faire compression , on débitera une grande quantité de cette pâte destinée à être gruau.

Alors on peut s'exempter de peler , la pellicule restera , et on l'enlèvera avant de recharger le tube.

De la mouture.

Le moyen le plus simple de réduire notre pomme-de-terre desséchée en farine et gruau , c'est de la moudre. Mais ici nous avons l'avantage de nous passer du meunier , et de faire rentrer cette opération dans le cercle de celles

qu'embrasse l'économie privée , en lui procurant un moulin dont elle obtiendra au jour le
jour les produits.

Quantités relatives de ces produits et de la pomme-de-terre.

On sait déjà que le quintal de pomme-de-terre
donne trente livres par la dessiccation.

Nous n'avons pas parlé du choix de la pomme-
de-terre , choix nécessaire si on la mange en nature , tant elle est susceptible de différer selon
l'espèce , le sol et la culture. C'est ainsi qu'une
terre forte et l'engrais nuisent à sa qualité ; mais
notre double coction la dénature totalement ;
et dès-lors le choix doit tomber sur les plus
grosses espèces, qui, comme on le sait, sont les
plus productives ; car c'est sur-tout la quantité
des produits que nous devons chercher.

Des appareils.

Il faut des appareils de toute espèce pour la
préparation de nos alimens. C'est un moulin ,
une bluterie, un four , un pétrin , un fournil ,
et leur attirail qu'exige la préparation du pain ;
la cuisine , l'office nécessitent fourneaux , chaudières et nombre d'ustensiles divers.

Notre nouvelle base alimentaire ne sera pas très-exigeante ; pour la petite économie domestique, elle borne ses besoins à la chaudière ordinaire et à un tonneau pour la cuisson à la vapeur ; de plus une râpe, si elle prépare de la fécule ; enfin, un tube simple ou à levier, pour réduire immédiatement la farine cuite en gruau. C'est par-là qu'à la récolte prochaine de la pomme-de-terre, débuteront, en petit, beaucoup de gens pour se faire une idée de nos produits et de leurs appropriations.

L'économie domestique plus étendue, et à plus forte raison l'économie manufacturière, exigeront 1° une chambre à vapeur pour cuire tout à-la-fois de grandes quantités de pommes-de-terre ;

2°. Un moulin destiné à réduire la pomme-de-terre en rouelles ; car le petit ménage la coupera au couteau ;

3°. Un moulin pour la moudre desséchée et la réduire en farine et gruau, à l'aide d'une petite bluterie à main, ou que la machine elle-même mettra en mouvement ;

4°. Un moulin à râper la pomme-de-terre crue pour en obtenir la fécule et le parenchyme, deux substances dont la réunion forme la farine par extraction ;

5°. Enfin, dans un travail en grand, on substituera l'étuve au four.

Nous ne décrirons point ces divers appareils, ils existent déjà ; M. *Collier* (*), un des hommes qui a le plus utilement appliqué les sciences physiques et la géométrie aux mécaniques, et auquel beaucoup d'arts nouveaux doivent les plus ingénieuses machines, se charge du perfectionnement des appareils destinés à cette nouvelle branche d'économie.

(*) M. *Collier*, mécanicien, demeure rue des Enfans-Rouges, à Paris.

NOTES.

(1) C'est M. *Parmentier* qui a fait connaître la marmite américaine ; et l'on sait que ce savant propage les choses par des expériences. M. *de Liancourt* et moi , nommés commissaires par la Société royale d'agriculture , nous avons suivi ces expériences , dont le rapport est inséré dans les Mémoires de cette Société.

Nous avons tout fait , M. *Parmentier* et moi . pour introduire dans l'économie domestique cet appareil. De cent manières de faire une chose , il n'y en a qu'une de la bien faire ; et la marmite américaine est cette manière unique d'opérer la cuisson des légumes. D'abord leur amélioration est sensible ; et . comme nous l'avons dit quelque part , elle réunit toutes les économies , celles du tems , du combustible . de la peine , de l'eau ; d'ailleurs , toutes deviennent égales pour cuire. Enfin , l'économie des ustensiles . puisque c'est un tonneau de quarante sols qu'on substitue à une chaudière de cinquante écus.

Cependant , ce mode s'est insensiblement introduit dans les exploitations rurales . pour la cuisson des racines dont on nourrit et sur-tout dont on engraisse le bétail.

Dans les missions économiques que j'ai remplies . je l'ai fait adopter pour les hôpitaux , les administrations de bienfaisance , les prisons et les dépôts de mendicité ; tel celui de Brauvœler , dans le département de la Roër.

Je m'abstiens de citer plusieurs villes où j'en ai prescrit l'emploi ; le système des adjudications , substitué à une administration paternelle , devient un obstacle à tout perfectionnement, auquel les entrepreneurs opposent une puissante force d'inertie ; car l'intérêt du pauvre et le leur sont aux deux extrémités du levier.

(2) J'adressais à M. *Pictet ,* comme l'un de nos maîtres en économie , des Mémoires que je venais de publier sur deux fourneaux procurant une forte réduction du combustible ; encore la dépense de bois du fourneau potager économique était-elle de

douze à quinze centimes pour la préparation d'un dîner. Ce fut en réponse que M. *Pictet* me donna ce problême à résoudre ; car il me laissait deviner le moyen que je ne devinais point , celui du *boulet rougi.*

Mais l'économie animale ne ratifie pas cette économie du combustible. Il en est ainsi du goût , parce que *c'est à l'étouffé* que se cuisent les viandes dans cet appareil , qui rappelle *la cuisine de Nivert ,* qu'alimentait une lampe ; mode qu'on a dû bientôt abandonner.

CHAPITRE VIII.

DES APPROPRIATIONS DE LA FARINE PAR DESSICCATION.

C'EST sous deux rapports très-distincts que je présente la pomme-de-terre, et les produits que nous venons d'en obtenir.

D'abord, comme *base alimentaire non panifiable* ; et comme telle nous n'aurions pas à la convertir en pain : non qu'elle ne se panifie ; mais, seule, elle se panifie mal. Indépendamment de ce qu'elle ne fait pas un bon pain, cela doit être, parce que la partie extractive qui était disséminée dans les trois livres d'eau de végétation, évaporée par la chaleur, se trouve rapprochée dans la livre de nos produits, ce qui nuit autant à la panification qu'à la saveur de ce pain.

D'ailleurs, pourquoi chercherait-on à panifier notre farine ? N'est-ce pas déjà beaucoup que de partager les appropriations du maïs, du riz, etc. N'a-t-on pas le froment et seigle, si on veut du pain ?

Le second rapport sous lequel je présente la farine par extraction, c'est comme moyen d'extension alimentaire par son association avec les farines des céréales ; et alors elle devient *base alimentaire panifiable*, parce qu'elle peut entrer dans le mélange de ces farines de moitié aux deux tiers ; nous allons voir comment elle se comporte dans ces mélanges.

Son mélange avec le froment.

Le froment donnant le meilleur des pains, j'avais imaginé d'abord que sa farine ne pouvait que perdre par son association avec la nôtre.

On voit combien j'étais éloigné de m'en imposer ! Aussi est-ce une des dernières expériences que j'ai tentées ; et il a fallu cette expérience pour détruire le préjugé qui me paraissait si bien fondé en faveur de la non-alliance de ces deux farines. Car ce mélange d'un quart de notre farine sur trois de celle de froment donne un excellent pain, qui se rapproche de la saveur du gâteau ; il est de couleur jaunâtre, ainsi que le pain de froment fait avec la farine de gruau ; mais plus foncé, si on emploie la pomme-de-terre jaune. Ce pain est très-appétissant, susceptible de se conserver frais pendant dix à douze jours, lorsque le pain de froment se rassit si promptement et perd alors infiniment de sa saveur ; il n'en est pas moins alimentaire , mais ce n'est plus un aliment savoureux ; tandis qu'avec notre mélange, ce serait , de tous les pains à porter en voyage , le préférable. A la mastication il s'associe bien avec les viandes et trempe bien au bouillon qu'il n'affadit point.

Celui que je viens de préparer dans mon économie domestique, fait de farine de froment , première qualité , et d'un cinquième seulement de notre farine , ne laisse même pas soupçonner au goût cette addition ; il lève bien , prend un bon apprêt , boulle au four et offre de beaux yeux.

En fait de bon pain , on ne manque pas de bons juges ; chacun l'est ; et comme rien ne décèle dans celui-ci la présence de la pomme-de-terre , ce pain n'ayant point de certificat d'origine , a été pain de froment.

Il en a été distribué dans cinq communes environnantes , et les opinions se sont toutes réunies sur son excellent goût et sa bonne qualité. Aussi témoigne-t-on aujourd'hui des regrets de n'avoir pas eu connaissance de ces résultats , à l'époque où l'on eût pu disposer encore d'une quantité suffisante de pomme-de-terre.

Mais opposons à ces regrets tardifs la réflexion très-fondée que voici : A quels ridicules n'était-ce pas s'exposer, si, il y a un an, on eût tenté de propager ces produits, si on eût fait circuler ce pain dans le voisinage, et si enfin, au lieu de cette pâte de brioche dont on fait le pain bénit, on en eût présenté un à l'église, composé à partie égale de notre farine et de celle de froment! Il importait dans les circonstances actuelles de fixer les opinions de tous sur cette extension alimentaire ; effet qu'a produit la distribution de ce pain à la commune entière.

Or, pour Franconville-la-Garenne, voilà le préjugé vaincu ; ce qui principalement a fait sensation, c'est ce calcul-ci.

Des douze livres de pâte destinées à ce pain, les six livres de nos farines, au prix d'un sol six deniers, font neuf sols; et c'est au moins le prix de la livre de belle farine de froment ; en sorte que de ces douze livres, six revenaient à neuf sols, et les six autres à cinquante-quatre sols.

Plus j'attachais d'importance à cette suite d'expériences et aux résultats que la théorie et ses analogies m'en promettaient, moins je devais chercher à décliner les jurisdictions diverses ; et la première à laquelle je me suis adressé est celle de boulangers qui honorent cette profession par leurs lumières. J'en ai consulté plusieurs; mais entr'autres les frères Hédé, boulangers de S. M. I. et R., qui se sont prêtés à ces expériences avec le plus grand zèle ; en sorte que c'est d'une des meilleures boulangeries de la capitale que sont sortis ces pains ; car c'est chez eux que se sont faites les premières expériences ; et celles que j'ai suivies, soit à Paris, soit à ma campagne, leur ont été communiquées. Ce pain bénit les a sur-tout étonnés ; tout en sachant qu'il y entrait moitié de farine de pomme-de-terre, ils n'en retrouvaient point le goût ; si on le leur eût annoncé comme un mélange de maïs, ils le croyaient.

Il fallait aussi d'autres juges de la qualité de ce pain, savoir : les autorités que tant de gens circonviennent de doutes et d'hésitations. En conséquence, j'ai cru devoir, pour fixer, sur ce résultat, des opinions aussi influentes, soumettre à ces autorités un échantillon de ce pain : c'est un devoir de prêter ainsi force à la puissance pour qu'elle puisse plus facilement opérer le bien qu'elle conçoit.

Comme cette association de nos farines avec celle des céréales est réservée à l'économie domestique des campagnes avant toute autre, il fallait confier la confection de ce pain à une simple ménagère. Je n'ai donc pas voulu y présider, et je ne me suis présenté au fournil que pour voir comment ce pain se comportait au four ; car ancien élève de M. Parmentier en boulangerie, art que lui et moi avons professé, on aurait pu soupçonner des difficultés vaincues par ma coopération.

Mais il n'y a rien à changer dans les procédés de la ménagère. *Levain de chef*, qui ne soit point aigre, ce qui a souvent lieu ; *levain de première* ; *levain de seconde* ; *levain de tout point*, tous *doux et abondans* ; enfin, ne pas laisser languir *à l'apprét* le pain *tourné*, parce que la chaleur du four, en le saisissant, le fait promptement bouffer.

Les filles chargées, à la campagne, de la confection du pain, aussi peu sensibles à la chaleur qu'au froid, emploient souvent de l'eau beaucoup trop chaude, ce qui fait pousser et souvent aigrir les levains : qu'elles l'emploient seulement chaude en hiver, et en été à la tiédeur de l'atmosphère ; c'est en dernière analyse à cela que l'art se réduit pour elles.

A combien plus forte raison notre mélange doit-il améliorer le pain bis de froment qui rentre dans la classe du pain de seigle, ainsi qu'il améliore tout pain provenant de farine d'un blé altéré, germé, sentant la poussière, etc., mais sur-tout d'un blé carié ! c'est alors que notre mélange bénéficie bien sensiblement à la qualité de ces pains, quoique de froment.

Mais dans ce cas il faut augmenter la proportion de notre farine pour envelopper le goût, masquer le vice d'un pareil pain, enfin éteindre en partie la coloration de noir violet qui distingue celui de blé carié.

Des proportions.

On n'a point à assigner de proportions ; elles peuvent s'élever du quart (qui devient à peine perceptible), au tiers, à moitié pour les farines d'orge et de sarrasin. Cette addition n'a pas seulement pour objet l'extension alimentaire et l'augmentation de la masse panaire, mais bien l'amélioration de ces céréales qui doivent à cette association de faire un pain beaucoup meilleur.

Du pain de méteil.

On conçoit que si le pain de froment ne refuse pas l'association de notre farine, et que si les blés inférieurs s'en améliorent, il doit en être ainsi du pain de méteil, sur-tout pour peu que le seigle domine.

Pain de seigle.

Le seigle, soumis à la mouture économique, donne un pain blanc, bon et très-sain ; l'association de notre farine , quand l'économie la prescrira , en raison de la rareté et de la cherté de ce grain , ne peut qu'ajouter à sa bonté et à sa qualité ; c'est alors une sorte de pain de méteil dans lequel le seigle conserve sa saveur et perd de sa viscosité.

Mais si le seigle sur-tout est soumis, ainsi que cela a lieu dans le nord de la France , dans le département de la Roër , par exemple , à une mouture plus que rustique , c'est un pain noir, si l'on peut donner ce nom à une masse lourde, compacte , visqueuse , exhalant une odeur tout-à-fait aigre. Cette masse , en la coupant , offre à l'œil des grains en partie échappés à l'action de la meule , la *nielle* qu'on n'en a pas séparée, et une portion de son. Ce pain laisse sous la dent l'impression du sable provenant de la saleté du grain ou du détritus des meules. Il ose cependant se présenter sur les tables les plus somptueuses , à côté des excellens pains de froment que l'hospitalité offre à l'étranger.

Si on consent à manger de ce pain , qui répugne à tous les sens , comment ne doit-on pas accueillir celui qui résultera de l'association de notre farine ?

Le seigle a le double avantage de contenir la matière sucrée , et de n'avoir pas besoin de la germination , comme les autres graminées, pour développer ce principe ; ces propriétés ajouteront encore à l'action fermentante de notre farine.

De quel profit ne sera-t-il pas dans une partie de l'Allemagne où le pain est de beaucoup inférieur à celui de la Roër ? Notre mélange en fera un pain de luxe.

Pain de maïs.

Laissons subsister le maïs comme base alimentaire non panifiable et placée au premier rang, parce que, sous la forme de *gaudes* et de *polenta*, c'est une nourriture des plus saines qui rend l'homme très-vigoureux, et nul aliment n'est d'un usage aussi commode; le journalier part le matin pour les champs, portant sa provision de gaudes pour la journée ; son appétit règle l'heure de son repas, et il se désaltère avec de l'eau. Jamais cet aliment ne donne d'aigreur comme en donne le pain même de bonne qualité, à plus forte raison ce pain noir de seigle qui est déjà une masse aigre.

Cependant la farine de maïs, par l'association de notre farine, devient susceptible de se panifier ; et plusieurs habitans des contrées que j'ai mis à même d'en juger, trouvent ce pain très-bon ; nul doute qu'il ne devienne un pain d'agrément et de fantaisie destiné à rompre l'uniformité du maïs sous forme de gaudes, dans la Bresse, la Franche-Comté, le midi de la France, ainsi que dans la partie méridionale des Etats-Unis, où par spéculation l'on cultive le froment, et où l'on se nourrit de maïs.

L'économie du tems est la première de toutes dans cette contrée; on sait y calculer ce qu'en emploie la panification, et l'apprêt du maïs est si facile ! Ce qu'il y a de singulier, c'est l'amélioration toute particulière que le maïs reçoit de son association, soit avec la farine de froment, soit avec nos farines. Mais ne sait-on pas que l'art de la cuisine et de l'office n'est que l'art des mélanges ?

Du pain d'orge.

L'ORGE s'emploie le plus généralement sous forme de gruau et de farine. Dans cet état, c'est une bonne base alimentaire.

Mais le plus mauvais pain est celui provenant de sa farine, sur-tout si elle n'est pas le produit de la mouture économique, sorte d'analyse des grains qui, comme nous l'avons dit, opère la plus exacte séparation de la farine première, des gruaux blancs et bis, des sons et recoupes dépouillés de la farine.

Dans le premier cas , l'orge donne un pain noir et sec. *Grossier comme du pain d'orge ,* est une application passée en proverbe ; à coup sûr on ne la fera pas au même pain lorsqu'il sera associé des deux tiers aux trois quarts avec notre farine de pomme-de-terre ; ce mélange diminue son intensité de couleur , lui ôte sa sécheresse et sa dureté.

Enfin , il en résulte un bon pain dans lequel il faut rechercher la saveur d'orge , et qui n'a pas le désagrément de rassir aussi promptement.

Ce pain, dégusté par nos paysans, c'est à l'œil seulement qu'ils ont soupçonné qu'il contenait de l'orge ; aussi le trouvaient-ils non-seulement beaucoup meilleur que le pain d'orge , mais préférable au pain dont des circonstances passagères diminuaient la qualité ordinaire , en y associant recoupe et petit son.

Pain de sarrasin.

Pourquoi chercher à panifier le sarrasin, sur l'usage duquel, comme base alimentaire non panifiable, il y a si peu de réclamation ? ce serait créer un besoin et des soins de plus.

Cependant panifions-le , ne fût-ce que pour jeter de la variété dans cet aliment qui cessera de se présenter sous sa forme habituelle de bouillie ou de pâte.

Or, la farine de sarrasin doit au mélange de notre farine la propriété de se panifier, et il en résulte un pain tel que les habitans d'une commune qui vivaient encore, il y a vingt-cinq ans, de mauvais pain de sarrasin, n'ont pu y reconnaître leur ancien aliment.

Pain de châtaigne.

QUANT à la châtaigne, ne la panifions pas : elle est si bonne à manger tout simplement cuite à l'eau, tandis qu'elle fait le plus mauvais des pains, quoi qu'en aient dit quelques-uns de ces voyageurs qui ne voyagent pas, ou qui inscrivent sur leurs tablettes des ouï-dires ; aussi n'ai-je pas cru devoir m'occuper de cette expérience.

Des variétés de pain qui résulteraient de nos mélanges.

LA *variété plaît* jusque dans le pain même. Quelqu'excellent que soit le pain de froment, on cherche à le varier par divers mélanges de ses farines, par la nature de la pâte ou celle de ses levains, par ses formes, enfin par son association avec du lait et du beurre.

Or les deux farines , celle par dessiccation et celle par extraction , dont il va être question, offrent à l'économie domestique une grande variété par leur association avec les diverses farines des céréales. Elles en offrent bien plus à l'art de la pâtisserie , comme s'y présentant avec des caractères de gâteaux , de galettes , en même tems qu'elles entrent dans la composition des pâtisseries légères ; objet que déjà remplissait la fécule de pomme-de-terre. Car enfin la pâtisserie consommant beaucoup de farine , et la plus belle , conséquemment la plus chère , nous devons la ramener dans le cercle de notre économie , en balançant le haut prix de la farine de gruau qu'elle emploie , par son mélange avec notre farine du prix d'un sol quatre deniers ; mélange qui , tout en variant , ajoute à la bonté des produits de cet art.

Un des caractères de ces pains de froment , seigle , maïs, orge et sarrasin , mêlés de moitié et même des trois quarts de notre farine par extraction , est de bien *tremper dans la soupe.*

Il faut vivre à la campagne pour savoir le prix que le paysan attache à cette propriété du pain , puisque souvent même il achète , à cet effet, du pain de boulanger. On peut se permettre une sensualité qui se borne à cela ; et c'est aussi celle du soldat.

Un autre caractère de nos pains, c'est de participer à cette faculté que possède notre farine d'être exempte d'altération.

En effet, dans les premiers jours de juin, j'apportai à ma campagne plusieurs livres de ces pains divers, dont les essais avaient été faits à Paris ; je les destinais aux animaux ; mais examinant tous ces pains, conservés sans nul soin, je les trouvai aussi secs que le biscuit de mer, n'offrant pas dans leur centre la moindre moisissure, ce qui a lieu pour les pains de grains inférieurs : j'imaginai d'en faire de la soupe. Ne pouvant pas couper ce pain, qui se serait plutôt pulvérisé, on l'humecta d'eau chaude, le soir ; et le lendemain on en fit une soupe avec un bouillon aux herbes tout simple. Elle fut servie à huit personnes, dont quatre ouvriers qui la trouvèrent excellente ; ils furent sur-tout étonnés de la manière dont trempait ce pain qui était composé de six espèces diverses. Six semaines avant, les mêmes ouvriers avaient mangé de ces pains qu'ils ne reconnurent pas, et tous s'abonnaient à n'avoir jamais d'autres potages. Ce ne sont pas là des théories, mais bien des expériences ; et pour qu'il n'y eût point de séduction de ma part, et de complaisance de la part de mes convives, je ne me suis pas présenté à leur table.

Sir *John de Crevecœur* qui a lui-même défriché, en Amérique le champ qu'il a cultivé en maïs, ainsi qu'en pomme-de-terre, dont il a été un des premiers apôtres en France, et sur-tout en Normandie, a mangé de cette soupe, qu'il a trouvée parfaitement bonne. Et quel autre que ce respectable vieillard qui a consacré sa longue vie à l'économie et à la philanthropie; quel autre, dis-je, témoin de ces résultats, pouvait partager plus vivement les jouissances que me procurent cette suite d'expériences et leur utilité ?

CHAPITRE IX.

DE LA FARINE DE POMME-DE-TERRE PAR EXTRACTION.

Il faut, pour ne pas confondre ici les idées, oublier les appropriations que nous venons d'assigner à la pomme-de-terre dans l'état de légume, de gruau et de farine.

Au défaut de patates et d'ignames, c'est de cassave dont s'alimente une partie des colonies méridionales.

La cassave s'extrait du manioque, c'est dans le suc vénéneux de ses racines que circule cette substance amylacée.

Eh bien ! ainsi qu'on l'a fait de ces racines, nous allons extraire de la pomme-de-terre une substance amylacée, et de plus une substance fibreuse, le parenchyme qui fait la charpente de ces tubercules.

Il y aura entre la cassave et la pomme-de-terre cette différence, que la première n'est point panifiable, et que les farines de la pomme-de-terre peuvent passer à l'état panaire, et sur-tout bonifier les farines auxquelles on les associe.

Nous allons donc opérer la conversion de nos tubercules en une mine féconde de farines, pouvant s'associer dans les plus fortes proportions, celles des deux tiers aux trois quarts, avec la farine des céréales de qualités inférieures, le seigle, l'orge, etc., et relever ces sortes de pain au point qu'il ne doive plus exister en France, que du pain beau, bon, et au plus bas prix.

Comme il faut revenir à plusieurs fois sur les propositions un peu étrangères, afin qu'on s'y familiarise, nous répétons que dans le nouvel ordre de choses qui naîtra de cette conversion de la pomme-de-terre en une source abondante de substance panifiable, les famines et les disettes ne pourraient plus être que l'effet de la plus absurde imprévoyance. L'économie sait faire des provisions de vin, il y a des vins du Rhin qui datent d'un siècle; et elle hésiterait à faire approvisionnement d'une base alimentaire, susceptible de se conserver autant que ces mêmes vins !

Avoir placé la pomme-de-terre au rang des substances alimentaires non-panifiables, et la replacer au nombre de ces mêmes bases panifiables, semblerait impliquer contradiction; mais ce problème va se résoudre.

Substances dont se compose la pomme-de-terre.

La pomme-de-terre se compose de trois substances immédiates, et de quatre si on compte sa pellicule.

Ces trois substances sont *l'eau de végétation*, qui constitue les trois quarts de son poids, douze onces sur seize ;

La *fécule*, la substance amylacée, l'amidon, qui y entre pour environ un cinquième trois onces ;

Et le *parenchyme*, la substance fibreuse, le réseau donne à peu près une once.

En sorte qu'on peut estimer à un quart ces deux substances qui, réunies, vont composer notre *farine par extraction*.

Ces proportions dépendent de l'année et du sol, mais elles peuvent se fixer au quart.

Méthode pour en opérer l'extraction.

C'est à l'aide d'une simple râpe, et dans une manutention en grand, par l'action d'un moulin-râpe, qu'on extrait cette farine.

On lave préalablement, et à grande eau, la pomme-de-terre pour en enlever le sable et les portions terreuses qui adhèrent aux petites cavités des germes ; nous avons fait connaître l'appareil nécessaire à cette opération.

On les met dans la trémie, la râpe les divise ; tout est confondu, et tout se sépare par l'agitation de la masse et l'interposition d'un tamis sur lequel on la verse.

De la fécule.

L'EAU de végétation entraîne avec elle la fécule qui se précipite comme du sable, vu son insolubilité à l'eau froide ; on décante et rejette cette eau de végétation, on verse de l'eau pure et claire sur la fécule précipitée ; on l'agite et on passe à travers un tamis, pour en séparer la partie fibreuse la plus tenue qu'elle aurait entraînée.

Reposée au fond du vase, on l'agite dans de nouvelle eau pour la bien laver ; on décante cette eau de lavage, et on enlève la fécule avec précaution de dessus un léger sédiment grisâtre, qu'il faudra relaver quand son volume sera devenu plus considérable.

Il ne s'agit plus en dernier lieu que de faire égoutter et sécher la fécule à l'air ou à l'étuve.

Du parenchyme.

Le parenchyme est resté sur le tamis, on le lave à l'eau froide pour en séparer l'amidon qu'il peut avoir retenu.

Égoutté, on le soumet à la presse, et on le dessèche, de même que la fécule, à l'air ou à l'étuve.

Comme il s'agglomère en séchant, il faut le pulvériser pour l'emploi que nous allons en faire.

Apprenons à connaître ce parenchyme, sans lequel la pomme-de-terre ne serait pas panifiable.

Séché au four, il a une saveur légèrement sucré, tandis que la fécule est l'insipidité même. C'est cette saveur sucrée qui m'a fait présumer avec raison que le parenchyme était le principe de la fermentation panaire de la pomme-de-terre (1).

____

(1) Aussi ai-je avancé, en 1810, dans le *Journal d'Economie rurale et domestique*, cette proposition-ci :

« Dans cet état, la fibre parenchymateuse offre une farine très-propre à la panification, en raison du principe sucré que la chaleur y développe ; il y a même lieu de croire que c'est à ce principe qu'est due la faculté qu'a la pomme-de-terre de subir la fermentation spiritueuse, et de donner par la distillation un véritable alcohol ; ce serait une expérience à tenter, dans les contrées où l'on se livre à la fabrication de

Aussi cette association de la fécule et du parenchyme assimile-t-elle notre farine à celles des céréales, et conséquemment à la farine de froment, laquelle contenant beaucoup d'amidon incapable par lui-même de fermenter, ne devient susceptible de fermentation que par l'association de ce même amidon avec les autres principes que contient le froment.

Cependant, jusqu'alors, on n'avait vu dans la pomme-de-terre que sa fécule, et son parenchyme on le négligeait assez généralement ; combien n'eût-il pas augmenté et même amélioré, quoiqu'isolé de sa fécule, les pains de farines inférieures, ainsi qu'on en va juger par l'emploi qui en a été fait !

---

l'eau-de-vie de pomme-de-terre, que d'en extraire la fécule par une première opération pour ne soumettre à la fermentation que la partie parenchymateuse.

» Mais je reviens à l'emploi qu'on peut faire de cette substance comme addition à la masse panaire, dans les campagnes où le blé est toujours cher pour l'indigent. »

C'est ainsi que l'orge, contenant une grande quantité d'amidon, ne devient propre à faire la bière, ainsi que les autres céréales, qu'autant que la germination y a développé le principe sucré, principe seul susceptible d'exciter la fermentation spiritueuse.

Mais c'est sur-tout la cuve de l'amidonnier qui rend ce phénomène bien palpable, puisque c'est de l'amidon qui devient le résultat de la destruction des autres principes, sucré et extractif, contenus dans les grains, et qui opèrent la fermentation.

Notre farine par extraction a la propriété de se conserver ainsi que celle par dessiccation.

Cependant voici un principe sucré, dont la dessiccation au feu a dû augmenter la proportion qui en existait dans le parenchyme; aussi cette partie sucrée pouvant attirer les insectes, c'est à l'abri de l'air, dans des sacs ou des tonneaux qu'il faut conserver cette farine mixte. En effet, du parenchyme abandonné à l'air, a manifesté au bout de six mois la présence des mittes, tandis que dans la farine par dessiccation, le principe sucré, qui y est également développé, se trouve défendu, protégé contre l'attaque des insectes par la partie extractive qu'a laissée l'eau de végétation après son évaporation.

Voici donc deux espèces très-distinctes de farine, que nous venons d'obtenir de la pomme-de-terre; et, pour qu'on n'ait point à les confondre, nous les avons distinguées en farine *par dessiccation,* et farine *par extraction.*

La différence qui existe entr'elles, consiste en ce que dans la farine par dessiccation, les principes dont se compose la pomme-de-terre, *fécule, parenchyme* et *partie extractive,* isolés dans ces tubercules fraîches, se sont réunis et mutuellement dissous pour faire un tout homogène.

Au lieu que, dans la farine par extraction, c'est un simple mélange de la fécule et du parenchyme, car la partie extractive a été enlevée par l'eau de végétation qui la tenait en dissolution.

Ce sont maintenant ces deux farines que nous allons employer à la panification, et à notre augmentation de la masse panaire des autres céréales.

La concision a son mérite, si je ne m'y astreins point, c'est qu'il est très-difficile à celui qui, trop plein de sa chose, cherche à prévenir les objections et à écarter les doutes, de ne pas se répéter. Un peu de prolixité et même quelques répétitions ont peut-être aussi leur mérite, quand il s'agit d'un objet aussi nouveau et d'un aussi grand intérêt.

Passons à la panification de notre seconde espèce de farine.

Panification de la farine par extraction.

Les détails dans lesquels nous sommes entrés sur les résultats que l'économie peut obtenir de la farine par dessiccation, abrégent beaucoup ce que nous avons à dire des résultats analogues obtenus de la farine par extraction.

Susceptible d'éprouver la fermentation panaire et conséquemment de l'exciter dans les substances non panifiables auxquelles on l'associe, elle influe, ainsi que la farine par extraction,

sur l'augmentation et l'amélioration de tout pain
fait avec les céréales.

De sa panification sans mélange.

M. Parmentier, dont le nom se rattache,
comme idée accessoire, à la pomme-de-terre
pour en avoir étendu la culture et les diverses
appropriations, avait bien le premier en Europe tenté et obtenu la panification de ces tubercules, c'est-à-dire, de leurs fécules, sans
autre condition que l'addition de la petite quantité de levain de froment nécessaire pour donner
le branle de la fermentation.

Mais c'était un tour de force de l'art : le poids
de ce pain ne peut pas excéder la demi-livre;
plus volumineux, la pâte s'affaisse faute d'élas-
ticité ; aussi ce procédé purement chimique ne
pouvait pas devenir celui de l'économie.

Biscuit maritime.

Ce n'est pas que dans la suite M. *Parmentier*
et moi nous étant livrés à des expériences pour
obtenir de la pomme-de-terre un biscuit qu'on
pût substituer, pour les voyages maritimes de
long cours, au biscuit de froment, le résultat
n'eût été la panification la plus complette du

mélange de la pomme-de-terre à l'état de pulpe, de sa fécule et d'une petite portion de levain de chef.

Cette panification n'était donc plus un problême ; et il n'y avait dans les circonstances actuelles que l'application à en faire, avec les modifications requises par le nouvel état de nos produits.

La farine par extraction, qui est notre mélange de fécule et de parenchyme, a la propriété de subir la fermentation panaire, à laquelle se dérobe la fécule isolée, sans autre concours que celui de la levure.

Ce pain offre une multiplicité de petits yeux, ainsi que le pain de pâte brisée ; c'est à l'œil un réseau de dentelle.

Sa surface fait vernis ; il a une bonne odeur de pain, il se sèche rapidement, tandis que la farine par extraction tient pendant très-long-tems le pain frais ; il revient parfaitement à l'eau, et trempe bien.

Ce pain a une saveur à lui et cela doit être ; car avec quel autre pain pourrait-il avoir de la similitude ? Cette saveur n'est cependant pas celle de pomme-de-terre, qui tient à la partie extractive de ces tubercules, mais que l'eau a dissoute et entraînée dans la préparation à laquelle la pomme-de-terre est soumise pour en séparer ces deux produits.

Toutefois ce n'est point cette sorte de pain que nous proposons à l'économie, il est trop insipide; ce qui serait cependant préférable à l'espèce de sapidité peu agréable de l'orge et du sarrasin : mais nous avons un emploi bien préférable à faire de cette farine; je veux parler de son association avec la farine des céréales de qualités inférieures; elle remplit merveilleusement cette destination.

C'est ainsi qu'associée de deux tiers avec la farine d'orge si peu panifiable, ou plutôt donnant un pain si détestable, il en résulte un bon pain, disons même un excellent pain, si nous le comparons avec lui-même, dans l'état d'orge pur.

C'est ainsi qu'associé avec la farine de seigle, ce mélange donne un pain meilleur que ne l'est celui du seigle; cette association enlève encore au seigle sa viscosité en même tems qu'il en corrige la qualité relâchante.

Restait à associer notre farine avec celle de sarrasin qui n'est pas la plus nourrissante des bases alimentaires, et il en est résulté un pain infiniment préférable au pain de sarrasin.

Enfin cette farine aide à la panification du maïs.

Association du parenchyme pur avec les céréales.

On se rappelle que le parenchyme est sans emploi. En effet deux manufactures peu distantes de Paris, où se prépare la quantité de fécule que consomme la Capitale et de ce qui s'en consomme à-peu-près en province , se trouvent réduites à le jeter à la rivière après avoir inutilement cherché à en tirer parti pour la nourriture des cochons.

Dans la suite de mes expériences, j'ai dû réaliser l'ancienne idée que j'avais conçue des propriétés de ce parenchyme.

Soumis à la presse, séché et réduit en farine, sa couleur est bise; sa saveur est aussi sapide que celle de la fécule est fade, car ni le parenchyme, ni la fécule , ne participent au goût de la pomme-de-terre.

D'un tiers de ce parenchyme mêlé avec deux tiers de farine de froment, on a obtenu un pain bis à l'œil, mais n'ayant rien du goût particulier du pain bis; les yeux fermés, c'était un bon pain que rien ne différencie des farines de froment inférieures en qualité.

La mouture économique donne quatre espèces de farine; quand on en a séparé la farine de blé ou fleur de farine, ainsi que celle de gruau, le pain qui résulte du surplus est un pain de qualité bien ordinaire, sur-tout quand il se rassit.

Cette farine du parenchyme s'associe avec plus d'avantage encore au seigle dont elle rend le pain moins visqueux, ainsi qu'à l'orge auquel elle donne de la sapidité et ôte une partie de sa sécheresse.

Ces pains trempent bien un bouillon, et telle n'est pas la propriété de tous les pains, même du pain bis de froment qui, pour peu qu'il soit desséché, s'émie dans le bouillon et fait purée.

Quel peut être le prix de ce produit, puisqu'on le rejetait? et quel n'eût pas été le bas prix de ces qualités de pain de seigle, d'orge et de sarrasin, si dans ces circonstances on eût pu les associer avec ce parenchyme qui eût représenté moitié de la masse panaire? Dans les tems ordinaires c'eût été de bons pains, c'est-à-dire, des pains qui, singulièrement améliorés, auraient valu tout au plus un sol la livre.

Sans doute les amis de l'économie s'empresseront de vérifier ces faits.

Je passe sur ce qui n'est qu'*expériences;* l'économie serait peu tentée de les répéter; ce sont des résultats qu'elle exige, et ceux que je lui offre, sont nos deux farines, toutes deux bases alimentaires non panifiables et panifiables, et réunissant à elles deux les appropriations particulières à toute autre base alimentaire.

C'est ainsi que notre farine par extraction, en ne la panifiant pas, remplit les divers objets des bases non panifiables pulvérulentes, c'est-à-dire, qu'elle fait bouillies et pâtes très-nourrissantes auxquelles on donne la même sapidité qu'à la bouillie, sans en excepter celle de farine de froment.

Il y a plus : de la farine de froment et de l'eau ne feraient que de la colle qui nourrirait, il est vrai, mais qui ferait un mauvais aliment sous le rapport de la saveur et de l'économie animale qui exige la fermentation sur-tout de cette sorte de farine, tandis que nos farines font une bouillie sapide, et qui n'a pas besoin des secours de cette même fermentation, pour être un aliment qu'avoue le régime diététique. J'en demande pardon au froment ; *mais*, comme on le dit proverbialement, *chacun prêche pour son saint*, et le culte de la pomme-de-terre, qui a été si long à s'établir, va s'étendre de plus en plus.

CHAPITRE X.

DIVERSES ÉCONOMIES RÉSULTANT DÉS NOU-
VELLES APPROPRIATIONS DE LA POMME-
DE-TERRE.

Poursuivons nos avantages, car toute innovation, quelle que soit son utilité, doit rencontrer
des préjugés et des contradictions, sur-tout quand
il s'agit de changer des habitudes alimentaires.

Faisons cause commune avec toutes les économies, et chargeons-les de réfuter les objections, puisque, tout en en prévoyant peu, il s'en
élèvera sans doute beaucoup.

§. Ier. *De l'économie pécuniaire.*

L'ÉCONOMIE est un arbre dont les branches
diverses s'implantent sur l'économie pécuniaire,
comme en étant le tronc.

Or, la comparaison de culture des céréales
et de la pomme-de-terre, quant aux produits,
offre, avant tout, cette première des économies.
En effet, aucune des bases alimentaire, destinées,

soit à la nourriture de l'homme, soit à celle des animaux, ne se présente, au moins en Europe, à un aussi vil prix, si cette épithète de *vil* pouvait s'appliquer à la moindre valeur des produits d'un prix inestimable sous tant de rapports.

Il faut distinguer deux valeurs : l'une intrinsèque, l'autre commerciale.

Etablissons les valeurs intrinsèques de la pomme-de-terre et de la manutention qu'elle vient de subir, puisque nous avons à prouver que de toutes les bases alimentaires, c'est celle qui revient au plus bas prix.

L'arpent de 100 perches à 20 pieds, (correspondant à un peu plus de demi-hectare, 51 ares, 0.7 centiares), cet arpent produit 100 setiers de pomme-de-terre.

Le setier de 12 boisseaux, du poids de 25 liv., donne 300 liv., ce qui fait pour les 100 setiers, 30,000 liv.

La valeur intrinsèque du setier, est de 2 fr.

Estimons les frais de cuisson et de dessiccation au double, à 4 fr.; c'est 6 fr. auxquels reviennent les 300 liv.

On conçoit que cette appréciation de nos produits ne peut être applicable qu'à l'économie domestique, en sorte que cette base alimentaire, vu ses nombreuses appropriations, étant aussi destinée à être adoptée dans l'économie des villes, ce sera à la concurrence à en régler les prix.

Observons que c'est à son foyer que le petit cultivateur cuira sa pomme-de-terre. C'est le pain sorti du four qu'il en opérera la dessiccation ; enfin c'est dans une saison d'inaction pour les travaux des champs, qu'il se livrera à ces détails économiques : or tout cela ferait même une réduction sur les 4 francs accordés pour frais de manutention.

Comme les 5oo liv. donnent en poids, après leur dessiccation, 9o liv. ; au prix de 6 fr., c'est conséquemment à un sou quatre deniers que revient la livre de nos produits, laquelle en représente trois et plus de pomme-de-terre récente.

Demandons-le, dans le nombre des bases alimentaires en existe-t-il une, même la plus inférieure en qualité, de celles que l'homme est quelquefois dans la nécessité de partager avec les animaux, telles l'orge, l'avoine, le sarrasin, enfin le son et recoupe dont il fait du pain, en existe-t-il une seule dont le prix n'excède celui de nos nouveaux produits alimentaires, sur-tout dans les tems de disettes, où ces prix s'élèvent au taux que coûte le froment même en tems ordinaire ; car c'est une barrière que nous voulons opposer aux disettes, et plus puissante que ne l'a jamais été la pomme-de-terre elle-même, d'après ses appropriations anciennes. Eh ! quel n'est pas cet aliment nouveau, en le comparant à ceux que la faim dérobe à l'engrais des animaux ! il y a des années de sécheresse où le fourrage coûte plus d'un sou quatre deniers la livre, prix de nos produits.

§. II. *De l'Economie politique.*

Les gouvernemens ont à nourrir armées, marine, hospices, établissemens de bienfaisance, maisons de détention ; enfin cette classe si consommatrice des mendians et des vagabonds, qui vit sur la masse, et qui vit de pain de froment ; car elle refuserait celui d'orge et de sarrasin là où ces grains ne sont point bases nourricières.

Les mendians, sans travailler, font beaucoup d'exercice ; toujours par voie et par chemin, ils respirent le grand air, ce qui excite fort l'appétit ; en sorte que la consommation de ces hommes fainéans peut s'assimiler à celle d'un laborieux journalier ; et à 3 liv. de pain par jour, *c'est 1100 liv. par an, produit d'un arpent en froment.*

Mais si le mendiant a une femme et deux ou trois enfans, ce qui compose quatre ou cinq individus, ce sera deux arpens en froment pour cette famille de *mauvaises et dangereuses bêtes*, nom que les Grecs donnaient *aux ventres paresseux;* aussi les lois répressives de la mendicité en Grèce et à Rome étaient-elles très-sévères.

C'est du dernier supplice que Solon punissait l'oisiveté. Platon se contenta de bannir de sa république les mendians et les vagabonds; à Rome, ils étaient condamnés aux mines et aux travaux publics.

Mais en France, une saine politique, ainsi que la morale, la religion et l'humanité, s'élevant au-dessus des lois de la Grèce et de Rome, ont établi des dépôts de mendicité formés sur toute la surface de l'Empire; on y assure du travail au vagabond; dans ces institutions le vieillard est dérobé à la crapule et à l'ivrognerie, et l'enfance à tous les vices qui naissent de l'oisiveté et de la mendicité. Sachons applaudir à nos lois, quand elles sont meilleures que celles de Solon et de Platon.

Dans son nouvel état, quand même la pomme-de-terre ne se présenterait que comme une base alimentaire de plus, qualification qui lui appartient à tant et à d'aussi justes titres, ce serait déjà une conquête pour l'économie publique, qui doit s'en emparer pour l'admettre dans ses divers établissemens.

En effet, quelle autre base alimentaire pourrait-on désormais préférer à celle-ci? Si elle possède au plus haut degré la propriété nutritive; si après sa dessiccation elle prend une qualité qui appartient à peu d'autres de ces bases; si sa conservation la met à même de braver le tems et de perpétuer l'aliment pour les saisons disetteuses, telles que le printems qui n'a que des espérances à donner; et dans ce cas, espérer n'est pas jouir; si enfin dans cet état elle devient inaltérable, qualité qui n'appartient à aucune autre base alimentaire, alors elle résout le grand problème d'écarter à jamais les disettes, dont il faudrait à l'avenir n'accuser que la seule imprévoyance.

L'économie politique des empires en Europe, verra donc désormais disparaître le fléau de la famine, et comme elle le peut, elle le doit. Espérons donc que bientôt, en France sur-tout, on ne verra plus d'autres greniers d'abondance que ceux voulus par les lois de Sparte, c'est-à-dire, le grenier de chaque commune.

Assez long-tems les gouvernemens ont eu à s'occuper, et plus encore à s'alarmer sur les subsistances; c'est à l'économie rurale de cultiver et à l'économie privée de s'approvisionner de ses bases alimentaires, sauf à l'économie administrative à s'assurer que les approvisionnemens particls existent ; c'est ce qui avait lieu anciennement pour les maisons religieuses. Ces riches abbayes , tout à-la-fois propriétaires et dépositaires de la subsistance publique , n'abattaient leurs forêts qu'avec autorisation , et ne disposaient de leurs grains qu'aux époques de renchérissement ; on les autorisait alors à garnir les marchés.

La saine raison prescrit l'emploi de quelques-uns de ces moyens dont une ancienne expérience a consacré les avantages politiques; mais les amans inquiets et jaloux de la liberté qu'ils croient toujours au moment d'être violée, ne ratifieront pas cette surveillance administrative. *Il faut laisser faire ,* se récrient-ils. Oui, sans doute; c'est la réponse que les députés des six corps firent à Colbert, qui proposait des réglemens; et c'est en effet la devise du commerce , mais du commerce confié à des hommes purs. C'est alors qu'il mérite de partager avec l'agriculture l'honorable qualification de *mamelles des Empires ,* ainsi que Sully les définissait.

Mais il ne faut pas *laisser faire* quand la cupidité dessèche cette mamelle; quand au lieu de cette ancienne probité commerciale qui circonscrit le cercle de ses bénéfices , c'est la plus vile cupidité mercantile qui accapare les grains, qui mouille d'eau celui qu'elle expose dans les marchés, qui falsifie ses farines, qui livre au consommateur un pain peu cuit, *mi-azyme*, et le vend à faux poids! Quel est l'insensé qui, témoin de ces attentats, osera dire de laisser faire? les fermiers, les meuniers, les boulangers, plus inclémens que la nature, ne cherchent-ils pas à convertir en famine la disette qui provient du désordre des saisons?

Mais aussi quels hommages ne sont pas dus à la classe de cultivateurs libéraux, tels que M. *de Sainte-Beuve* dans la contrée que j'habite, le comte *Herwin*, sénateur, et le baron son frère en Flandres, qui se seraient fait un crime d'élever le prix du blé pour la classe indigente! car enfin il y a beaucoup de ces noms aussi à présenter à la reconnaissance publique.

Approvisionnemens faits par les communes.

JADIS il existait des communaux dans lesquels l'habitant d'un ou de plusieurs petits villages avait droit d'envoyer paître les troupeaux. Ils ont été usurpés à cette époque où il n'a plus existé de propriété publique : pourquoi ne rétablirait-on pas, pour la subsistance de l'espèce humaine, ces communaux que nos aïeux avaient formés pour celle des animaux?

On y cultiverait la pomme-de-terre dont

l'approvisionnement, à l'état de dessiccation, se conserverait jusqu'à une nouvelle récolte. Cet approvisionnement devient-il inutile aux campagnes riches en céréales ? alors il retournera au profit des animaux ; alors la pomme-de-terre est à la disette ce qu'est le paratonnerre à la foudre, ces deux fléaux sont également conjurés.

Tous les habitans auront concouru à cette culture et aux cultures de rotation, pour s'en partager les récoltes qui se répartiront de même que les contributions ; et ce sera un moyen d'acquitter ses impositions sans bourse déliée.

Voilà un grenier d'abondance dans chaque commune ; voilà une bonne et sûre caution contre les événemens imprévus. Mais il semble que l'intérêt de tous n'est l'intérêt d'aucun ; aussi les hommes ne savent que s'isoler quand il s'agit du bien, lorsqu'ils se rassemblent si promptement dans les cas contraires.

Un demi-arpent planté en pommes-de-terre et donnant environ 4000 de nos produits alimentaires, suffirait à la subsistance d'une famille composée de dix individus de tout sexe et de tout âge, pour une année entière.

Mais il ne s'agit, au lieu de l'année, que de pourvoir à la subsistance de quelques mois, parce que le printems et l'été offrent abondance et variété de substances nutritives.

Voilà pour les familles. Pour la commune entière, c'est 200 individus qu'alimenteraient, pour ces quatre mois, quatre arpens ayant cette destination.

Combien de communes, dans ces momens difficiles, qui ont cessé d'exister, se seraient affranchies d'embarras pour s'approvisionner de grains, pour le faire moudre, et sur-tout d'inquiétudes, si elles eussent eu à leur disposition cet emmagasinement de 50,000 de nos produits! Rien n'irrite la faim et la soif comme la crainte de ne pouvoir pas les satisfaire.

Anciennement il y avait des moulins et des fours bannaux, qui économisaient les neuf-dixièmes des combustibles employés à la cuisson partielle du pain; sachons louer le tems passé, qui souvent mérite de l'être.

Désormais pour la préparation de nos produits chaque commune aurait son moulin-à-bras pour notre farine par dessiccation, et son moulin-râpe pour notre farine par extraction; enfin une étuve au besoin, même un appareil à la vapeur, et le tout coûtera à peine 400 francs. On peut ajouter que jamais argent n'aurait été placé à un plus haut intérêt, car il s'agit de la nourriture la plus économique pour l'homme et les animaux.

§ III. *Économie animale.*

Si maintenant nous interrogeons l'économie animale, elle nous répondra qu'elle sanctionne cette nouvelle base alimentaire comme offrant l'aliment le plus sain à l'enfance et à tout âge, dans l'état de maladie ou de convalescence.

Notre farine, pour la première enfance, à laquelle elle offre la bouillie la plus salutaire, obtiendra la préférence sur celle de froment; l'hygiène exige que celle-ci passe au four; la nôtre a subi une double action du feu, par le moyen duquel elle s'est enrichie du principe sucré, et ce principe y est assez prononcé pour n'exiger de sucre dans aucune de ses préparations. L'instinct de l'estomac, autant que le goût, donnent la préférence aux substances alimentaires sucrées; en effet le sucre brut n'est-il pas préféré à de la viande fraîche, dans les contrées où l'on cultive la canne?

La maladie, et sur-tout la convalescence, trouveront dans la farine et le gruau que nous leur présentons l'aliment léger le plus salutaire.

C'est le sagou, c'est le salep de l'économie, substances farineuses qui ne sont pas plus restaurantes, et dont le prix est si différent.

La médecine n'exclut pas la fécule de pomme-de-terre pour son usage ; mais sur nos tables sa fadeur exige l'association de lait, de jaune d'œuf, de sucre et d'arômes ; notre farine en exige bien moins pour faire d'excellens mets; d'ailleurs le prix commercial de la fécule en fait une farine de luxe.

La fécule s'emploie avec succès dans les pâtisseries, nous lui substituons notre farine comme étant plus savoureuse.

Cet appétit fortement prononcé de nos divers produits, ne laisse aucun doute sur leur appropriation à l'économie alimentaire de l'homme et des animaux. D'ailleurs ils n'ont ni la fadeur, ni l'excès de sapidité qui amène le dégoût, et tel doit être le caractère inhérent à toute base alimentaire : c'est ainsi que les plantes et les fruits trop parfumés, que le fumet trop prononcé des viandes, entraînent promptement la satiété; c'est ce que produit également l'insipidité sans le secours des assaisonnemens. Aussi il s'en faut bien qu'il en ait été de la pomme-de-terre fraîche comme de nos produits. Il lui a fallu un siècle, et sur-tout l'appui des famines qui, dans le cours du XVIIIe siècle, ont désolé l'Europe, pour qu'elle devînt aliment populaire. Il a également fallu un siècle à l'inoculation pour enfin préserver l'espèce humaine des ravages de la variole, lorsque

quelques années ont suffi au triomphe de la vac-
cine : tout donne lieu de présumer la justesse
de la comparaison, et qu'il en sera de même
pour l'adoption de nos produits.

Toutefois je ne répondrais pas de leur fortune,
s'ils n'étaient spécialement destinés qu'à la nourriture du peuple coutumier des campagnes ;
mais c'est en même tems l'aliment de leurs
animaux domestiques ; sous ce rapport ils fixe-
ront son attention.

Des alimens mangés chauds.

La soupe fait le soldat : cela est applicable
à l'homme des champs qui vit mal, et consomme
beaucoup plus, s'il ne vit pas de soupe. Nos
produits donnent d'excellens potages qui exigent
le moins d'apprêt possible : c'est ce qu'il faut
dans les campagnes, où tous les momens sont
comptés.

De l'eau chaude, un grain de sel et quatre
onces de farine par extraction suffisent largement pour un repas auquel eût à peine suffi une
livre de pain, parce que rien n'ajoute à la propriété nutritive de toute substance alimentaire
comme *l'eau combinée et le calorique.* Tel
homme consomme trois livres de pain par jour,
tandis que son estomac ne suffirait pas à la

digestion des trente-six onces de farine dont est composé ce pain si on la convertissait en bouillie, en pâte ou en galette. C'est ainsi que, pendant un millier d'années, l'antiquité a employé la farine des céréales, jusqu'à ce qu'elle devînt base panifiable.

Veut-on engraisser les animaux? c'est moins par l'augmentation de la masse alimentaire que par l'association de l'eau combinée par la coction, et la chaleur que l'on conserve à l'aliment. La différence est de trois mois sur cinq ou six que dure l'engrais au moyen d'alimens non cuits et non chauffés.

Mais ne dissertons pas sur les phénomènes de la nutrition; tenons-nous en à ce qui est, et disons que toute substance végétale qui contient ou gomme, ou amidon, ou matière sucrée, est nutritive; que toute substance animale, chair, os et poissons, donnant de la gélatine, nourrit éminemment.

Une pinte de bouillon soutient parfaitement un homme pendant une journée : que contient-elle de principe alimentaire? Une once, et le plus souvent beaucoup moins, de substance à l'état de gelée, et qui desséchée pèse à peine une demi-once : voilà un *soixante-quatrième* de principe nutritif étendu dans *soixante-trois* parties d'eau. Comment expliquer ce miracle.

ainsi que celui de la nutrition du poisson dans une eau pure et aussi diaphane que l'est le cristal du globe qui lui sert de vivier? C'est de cette eau que l'analyse dit ne pas contenir de substances étrangères, c'est d'air, c'est de calorique qu'il vit, et ce sont là les principes qui constituent son sang, ses muscles et sa charpente osseuse.

La nutrition est donc un de ces mystères de la nature qu'on ne doit pas plus chercher à expliquer que le mouvement : *je mange et suis nourri* est la réponse, comme celle de Diogène le cynique au philosophe qui niait le mouvement fut de se lever et de marcher.

J'en reviens à l'économie alimentaire de l'habitant des campagnes : il est dans l'aisance quand il peut élever quelques poules, nourrir une vache; il a des œufs, du lait, du beurre et du fromage. Peut-il sur-tout engraisser un porc? il a de la viande, et la plus nourrissante, la chair de cochon; or une livre de viande nourrit plus que deux livres de pain; un porc de trois cents livres alimente plus que deux sacs de farine du poids chacun de trois cent vingt-cinq livres; et bien s'en faut qu'il lui revienne au même prix, il a de plus le fumier de sa petite basse-cour.

Que le paysan ajoute à cette aisance un approvisionnement de quatre milliers de nos produits, qu'il obtiendra d'un demi-arpent de pommes-de-terre, et le prélèvement fait de sa consommation en farine, en gruau, en augmentation de sa masse panaire, il élèvera le double de volaille, nourrira deux porcs, et ce qu'il ne consommera pas de ce surplus, il le vendra; il était aisé, le voici riche; il vivait, il fera des économies.

Ainsi donc nous allons voir toutes les économies se réunir sur l'adoption de ces heureux procédés, destinés à devenir populaires et à opérer la plus importante révolution dans le système alimentaire de l'Europe.

La faim éteint bien des préjugés; elle a su se familiariser avec un pain d'avoine, de haricots, pois et chénevis; la Capitale n'en a pas connu d'autres pendant un assez long intervalle.

Si on lui eût présenté notre nouvelle base alimentaire à l'époque où, dans ces tems de famine, elle regrettait la pomme-de-terre qu'elle avait fini par manger enveloppée de ses germes, avec quel empressement elle eût accueilli nos produits aussi savoureux que nourrissans! Que la leçon du passé devienne celle de l'avenir, et que l'Europe ne perde point le fruit des expériences de famines et de disettes que chaque siècle peut compter; la prévoyance de l'économie privée en devient la barrière.

Que les propriétaires se livrent donc à la culture de la pomme-de-terre, et que les autorités l'encouragent : elle n'est plus la nourriture passagère de l'homme et des animaux ; elle devient base alimentaire pour tout ce qui a vie.

Témoin, dans mon voyage à Strasbourg, de l'extension que M. le baron Lezai de Marnesia donnait à la culture de la betterave, du pastel, du tabac, qui cette année auront restitué à l'agriculture de ce département 15,000 arpens, je fis part à cet administrateur, au nom duquel se rattachent toutes les idées libérales, de cette conversion de la pomme-de-terre en une mine abondante de farine. Juste appréciateur de tout ce qui intéresse l'économie, et convaincu de ce qu'elle pouvait obtenir de ces résultats nouveaux, M. de Lezai a cru devoir faire entrer dans son plan de culture la pomme-de-terre, déjà cultivée dans ce département plus que partout ailleurs. Cet encouragement aura certainement des imitateurs.

§ IV. *Économie publique.*

C'est de notre économie domestique que l'économie publique doit prendre d'utiles leçons, comme ayant aussi une nombreuse famille à nourrir.

Déjà nous lui avons sommairement indiqué les ressources que nos produits présentent à ses nombreuses institutions de bienfaisance, telles que les hospices destinés à l'enfance et à la vieillesse, aux malades ; n'en séparons point les administrations civiles et judiciaires, les dépôts de mendicité, les maisons de détention, les prisons, nécessairement très-multipliées, enfin les bagnes, tous établissemens où l'œil de la philanthropie doit pénétrer sous les auspices de l'administrateur qui surveille et du juge qui punit.

Nous n'évaluons pas le nombre d'individus ; il doit être considérable dans un aussi vaste Empire ; mais disons que, dans les contrées où le pain est base alimentaire, *à une livre un quart par jour*, c'est un *arpent semé* en blé ou céréales que consomment *deux seuls individus*.

Que d'arpens consacrés à la culture de ce nombre considérable de consommateurs !

Mais ce n'est pas avec du pain que l'économie publique alimente ces classes qu'elle nourrit, dans les contrées où l'orge, le sarrazin, le maïs, le riz, la châtaigne forment base alimentaire ; si on leur présentait du pain, ces individus redemanderaient leur nourriture habituelle. L'étranger lui-même que la justice retient dans ces asiles s'accommode de la nourriture qu'il y trouve.

Eh bien! à ce nombre de bases alimentaires diverses, pourquoi n'en ajouterait-on pas, disons mieux, pourquoi ne leur substituerait-on pas une nouvelle base plus alimentaire que les légumes secs, que la pomme-de-terre en nature? Cette base est très-supérieure aux grains de qualités inférieures qui se mangent dans ces dépôts (1).

Il y a une grande différence de telle à telle pomme-de-terre; elle est bonne ou mauvaise selon la nature du sol; si l'engrais la rend plus productive, il en altère la qualité et lui donne de l'âcreté, mais sur-tout un goût savonneux: aux approches de sa germination, elle n'est plus mangeable, et l'intérêt de l'entrepreneur n'y regarde pas de si près; tandis que réduite

---

(1) J'ai déjà cité l'autorité des frères *Hédé*, dans la boulangerie desquels j'ai commencé mes expériences, et qui ont eu communication de celles que j'ai suivies depuis à Franconville. Convaincu des avantages qui doivent résulter de l'introduction de ces divers modes alimentaires dans les établissemens publics, j'ai également consulté le sieur *Saint-Martin*, auquel l'administration des hospices, si bonne économe de la fortune du pauvre, confie la manutention du pain, ainsi qu'elle lui est confiée par le ministère de la guerre; et l'opinion de ce munitionnaire est une de celles que j'ai dû me concilier sur ces résultats divers que personne n'était plus que lui fait pour apprécier.

à ses principes farineux, ayant subi la double action du feu, toute pomme-de-terre est bonne, par la raison que la substance amylacée est une et toujours la même : c'est ainsi que la farine de froment, tout en absorbant plus ou moins d'eau au pétrissage, mais soumise à la fermentation panaire et à la cuisson, fait constamment un bon pain, quel que soit le sol qui le produise.

Dès-lors l'administration n'aura plus de surveillance à exercer sur des produits que leur nature et une unique manutention rendent absolument les mêmes.

La cupidité de l'entrepreneur n'aura plus à asseoir des bénéfices sur la détérioration d'un aliment qui ne peut pas être détérioré, ou plutôt ce ne sera point un objet d'entreprise.

C'est dans les dépôts de mendicité, dans les hospices de retraite que se prépareront nos produits. Tout individu peut être employé utilement à cuire, couper, réduire en gruau et faire sécher la pomme-de-terre. La manutention ne coûtera rien ; les moins propres à d'autres travaux suffiront à celui-là, et on travaille avec plaisir à préparer sa subsistance.

Que 5o individus confectionnent par jour de 25 à 3o setiers ; le prix de la journée du détenu est environ de 25 centimes, ce qui fait

12 livres 10 sous pour les 50 ; or c'est ce prix que coûtera toute la manutention.

On pourra donc confectionner de 800 à 900 setiers par mois ; et à 90 livres par setier de nos produits à l'état de dessiccation, c'est 27,000 qu'à la fin de chaque mois on pourra emmagasiner.

Etablissons le produit intrinsèque de nos produits.

Le setier de pommes-de-terre, . 2 fr. 50 c.
La manutention, ... » 50
Le combustible, ... 1 50
Et c'est tout ce qu'il peut en coûter avec des appareils appropriés.

____

TOTAL, ... 4 fr. 50 c.

Or nos 90 livres de produits à 4 fr., portent la livre à 5 centimes ; et cette livre, beaucoup plus alimentaire que les trois livres et plus de pomme-de-terre qu'elle représente, fait la ration de la journée !

Voilà de l'économie ou plutôt la réunion de toutes les économies !

Ainsi donc, en introduisant dans ces divers asyles nos produits, on les consommera ainsi que la farine de maïs, à laquelle on doit surtout les assimiler, c'est-à-dire en gaudes et en polenta.

Nos farines, en se panifiant, augmenteront la masse panaire de toutes les espèces de farines, même des plus inférieures, celles d'orge, de sarrasin, qui par cette association forment de très-bon pain. Ce superlatif étonne ; mais le tems approche où toutes ces propositions se vérifieront.

Lorsque, dans ces asyles, le régime est si uniforme et d'une sobriété si sévère, quelle variété nous y introduisons en substituant la pomme-de-terre comme légume sec, aux pois, aux lentilles, aux haricots, qui quelquefois renferment chacun un insecte dont la dépouille et les excrémens ont pris la place de la farine pour ne laisser subsister que la pellicule ! On sait que l'on épluche mal ces graines dans un dépôt de mendicité.

Mais, de cet asyle, rentrons parmi les classes prolétaires, et voyons combien il y existe d'individus dont la subsistance journalière est un problème, et c'est, dit-on, dans la ville de Londres que ce problème est le plus difficile à résoudre. Cette classe aura, au moins, notre base alimentaire que lui procurent la Providence et l'économie.

J'ai fait asseoir à la table de l'homme des champs, à celle du simple journalier, le seigneur de son village, et il a pu y satisfaire sa

faim ; je place également à la table d'un dépôt
de mendicité , quand ce nouveau régime y sera
admis , le philanthrope , puisqu'il y trouvera
aussi quelques-uns des mets qui, le même jour,
pourront paraître sur la sienne ; car je sais
par ma propre expérience comment , pour honorer le malheur dans ces asyles , on y goûte
les alimens ; c'est en ne les goûtant pas, mais
bien en contractant les papilles nerveuses du
goût et de l'odorat , effet involontaire de la
répugnance.

Cet espoir d'une grande amélioration alimentaire dans ces nombreux établissemens , ne
fût-il qu'une illusion philanthropique , me
procure déjà de douces jouissances, et combien
doit y ajouter la certitude que j'ai de voir sous
un Gouvernement aussi paternel que l'est celui
de la France; de voir, dis-je, bientôt réaliser
ce nouveau rêve ! J'en ai la certitude dans les
autres rêves que j'ai été assez heureux de réaliser dans les prisons, dans les bagnes , et récemment dans le dépôt de mendicité de la Roër,
où ces procédés seront exécutés du jour où ils
y seront connus.

§ V. *Économie militaire.*

DÉJA nous avons assuré la perpétuité des soupes économiques au moyen de la pomme-de-terre par dessiccation ; l'économie militaire, celle qui consomme le plus de pommes-de-terre dans ses cantonnemens, ainsi que dans ses campagnes d'hiver, ne négligera pas cette appropriation, comme devant prolonger la jouissance de ces tubercules beaucoup au-delà de leur durée.

Desséchées et réduites en farine ou gruau, elles varierout sa nourriture si monotone, ainsi que la variait le soldat romain (1).

_____

(1) La ration en blé du soldat romain était d'un *chœnix* par jour, ou plutôt de trente-deux par mois ; ce qui composait le *menstruum*, mesure contenant quatre boisseaux du poids de quatre-vingt livres.

Car à Rome, ainsi qu'aux armées, c'est le blé qu'on distribuait ; en sorte que le soldat, divisé par chambrées, était obligé de moudre son blé, de fabriquer et cuire son pain, non dans des fours, mais sur des charbons ardens ou sous la cendre chaude.

Ce devait être du pain très-mal fait et du blé très-mal moulu, qui ne rendait pas ses quatre-vingts livres de pain ; mais le soldat préférait cette distribution de blé, parce qu'il destinait partie de sa farine à l'apprêt de ses légumes : il en fesait de la bouillie qu'il aimait beaucoup, ou des galettes cuites sur des platines de fer, ainsi que le pratiquaient les anciens pour régaler leurs hôtes.

Combien n'eût pas été préférable, pour le soldat romain,

Mais transportons le soldat de son camp et de ses cantonnemens dans une place assiégée, et présidons à ses approvisionnemens, dont nos produits vont offrir des ressources que l'on ne peut obtenir de nulle autre substance alimentaire.

M. *Carnot*, dont l'autorité est si imposante, établit en principe, dans son ouvrage *de la défense des places fortes*, que les barrières de l'Empire sont inexpugnables, et qu'une bonne garnison, animée du noble désir de

---

le maïs au froment, puisqu'il employait ainsi une partie de sa farine à en faire des gaudes et du polenta !

On regardait comme un grand relâchement dans la discipline, lorsque le soldat échangeait son blé contre du pain frais.

Cependant il y avait des circonstances où on le lui distribuait tout fait ; et, dans ce cas, on lui donnait en pain un tiers en sus du poids du blé ; disproportion qui s'explique difficilement, la livre de blé rendant la livre de pain, sur-tout chez les Romains dont les blés, crus dans des contrées méridionales, étaient très-pesans et absorbaient beaucoup d'eau au pétrissage ; mais ce que cette disproportion explique très-clairement, c'est la mauvaise fabrication de ce pain qui se rapprochait fort du pain azyme ; car c'est la fermentation qui favorise une plus grande absorbtion d'eau.

Toujours est-il que sur le pied de quatre-vingts livres de blé par mois, ce qui fait à-peu-près deux livres trois quarts de pain par jour, il fallait cinq arpens semés en froment pour nourrir six hommes.

Mais enfin et les Grecs et les Romains n'avaient guère d'autre base alimentaire que ce même froment ; sa culture et celle de la vigne composaient à-peu-près tout leur art agricole.

s'illustrer par une défense mémorable, peut tenir tête à une armée dix fois aussi nombreuse, et la faire échouer *aussi long-tems que la place se trouvera pourvue de subsistances et de munitions.*

Ce n'est ni le courage, ni le sentiment de la gloire qui peuvent manquer à nos armées; on manque rarement de munitions dans les places assiégées, les boulets, les mortiers et les cartouches se conservent sans altération : mais ce qui manque aux garnisons, et sur-tout ce qui se conserve mal, ce sont les subsistances qui se détériorent promptement; tels sont le biscuit attaqué par la mite, les farines échauffées et dès-lors donnant un pain très-insalubre; les viandes salées, qui parfois ne sont point exemptes de corruption.

Dans cet état de choses, la santé du soldat s'altère, et la maladie ajoute au nombre de ceux que les hasards de la guerre conduisent à l'hôpital.

Souvent on en vient à rationner la garnison; ce n'est pas alors la valeur belliqueuse qui est en défaut, mais bien la valeur vraiment physique, parce que, les forces atténuées, il y a réaction sur le moral, ce qui porte l'homme le plus brave à une sorte de découragement. La lame ne se conserve que dans un bon fourreau, ailleurs elle se rouille et perd son tranchant ; que de batailles et de sièges dépendent de l'état des vivres !

Dans ces circonstances si impérieuses, l'économie domestique offre à l'économie militaire deux grandes ressources alimentaires ; *l'une végétale*, ce sont nos produits nouveaux ; *l'autre animale*, c'est la gélatine des os. Mais déjà j'ai parlé d'os et de gélatine : j'en reparle, parce que ce sont des répétitions nécessaires. Il en est de l'économie comme de la morale, qui ne cesse de reproduire des leçons sous toutes les formes, sans pour cela gagner beaucoup de terrain.

Rentrons dans notre place assiégée, et disons que les deux substances dont il s'agit, sont toutes deux susceptibles de se conserver sans altération ; toutes deux offrent, sous le moindre volume possible, la plus grande quantité de substances nutritives.

Une livre et demie de nos produits, et deux onces d'os par jour, sont tout ce que chaque individu peut consommer ; parce que ces deux onces d'os en font huit de gélatine, et la livre de viande n'en donne pas cette quantité : j'en demande pardon à l'incrédulité ; mais ce sont des faits que l'on ne peut révoquer en doute.

Ne parlons pas ici du bas prix de l'un et de

l'autre, c'est-là le moindre des avantages qu'offrent ces modes alimentaires.

L'hôpital alors sera largement approvisionné de bouillon ; c'est de la viande fraîche qu'il faudrait et on en manque ; or, c'est un bouillon aussi bon que le serait celui de la viande du jour même, qu'on obtient de l'os desséché depuis 10 ans, parce que, dans cet état de siccité, la gélatine y demeure inaltérable.

Proclamons la reconnaissance due, sur cette conservation des os, aux savans du Danemarck, qui, en se livrant à ces expériences, ont completté mon travail sur la gélatine, quoique dès l'origine il y ait eu à Nantes trois embarcations maritimes faites d'os desséchés, à l'époque de l'administration de M. *Letourneur* de la Manche, qui le premier, avec M. le comte *Cafarelli,* a partagé le mérite de cet emploi des os pour la marine.

Dans les longs sièges on a une *monnaie obsidienne ;* voilà une *subsistance obsidienne,* et qui, comme inaltérable, sera de bien meilleur aloi que celles auxquelles nous la substituons.

Malheur à l'esprit faux et à l'ame froide, dont l'indifférence pour les maux qu'on n'a point à redouter, mettrait en problème ces avantages consacrés par l'expérience, et par l'adoption que les puissances du Nord de l'Europe ont unanimement faite d'abord du dernier moyen , la gélatine des os , dans les hôpitaux militaires et dans les embarcations maritimes ! Et on peut s'en rapporter à l'esprit d'économie qui règne dans ces contrées , sur l'adoption de la nouvelle base alimentaire que leur offre la pomme-de-terre.

Certes, dans les places dont la défense serait confiée à d'anciens élèves de l'Ecole polytechnique , ainsi que de l'Ecole militaire , déjà familiarisés à l'usage du bouillon d'os , comme faisant partie du régime alimentaire de ces maisons , la garnison et l'hôpital de la ville assiégée jouiraient de ce bienfait, car il n'y a pas eu de préjugés à vaincre parmi cette jeunesse initiée dans le sanctuaire des sciences.

Ajoutons que même le soldat , dont les chefs avaient obtenu la confiance , ont également adopté le bouillon d'os ; les garnisons de Liége et de Toulouse en ont préparé pendant le tems de leur séjour dans ces deux villes ; il y avait des mortiers mis à la disposition du soldat. Ce mode alimentaire lui procurait un excellent bouillon de plus pour le soir : et la graisse provenant du bouillon d'os servait à l'apprêt de ses légumes ; mieux nourri , il en était mieux portant.

Plus de détails ne convaincraient pas l'indifférence, lorsque ce simple aperçu suffit à l'homme doué de ce sentiment de bienveillance qui le fait sourire à tout ce qui intéresse ses semblables.

§ VI. *Economie maritime.*

QUELLE branche de l'économie publique sera, plus que l'économie maritime, intéressée à adopter pour les voyages de long cours nos produits si inaltérables, quand tout comestible s'altère si promptement en mer (1)? La farine, le biscuit de froment, portent tous deux le germe de la plus prompte destruction ; destiné à être

---

(1) La farine, en sac, se conserve très-mal ; el'e se conserve mieux en baril, où elle a été soumise à la plus forte pression et où elle est exempte du contact de l'air.

Cependant la farine en baril *s'échauffe :* en effet elle prend de la chaleur et elle exhale une odeur très-désagréable , en raison du gluten qu'elle contient , substance particulière ou plutôt assez abondante dans le froment , et qui a un caractère d'animalisation , dû peut-être à un principe phosphoreux que l'analyse reconnaît dans le froment.

D'après cela ne pourrait-on pas , à l'effet d'assurer la conservation de la farine de froment , en faire un mélange avec partie égale de notre farine de pomme-de-terre par dessiccation ou par extraction? Ces farines inaltérables, en raison du principe extractif de la pomme-de-terre qu'elles contiennent , protégeraient la farine de froment contre l'attaque des insectes et contre ce mouvement intestin duquel résultent chaleur et altération.

C'est au tems à consacrer le succès de cette expérience , et je viens d'y soumettre le mélange dont il s'agit.

l'aliment du marin, le biscuit débute par devenir la pâture d'insectes qui le dévorent. Il en est ainsi des légumes secs.

Mais que ne détruit pas cette atmosphère maritime ? l'*eau*, les *viandes*, quoique salées, s'y putréfient, jusqu'au *fer*, que recouvre une rouille qui le corrode profondément et l'a bientôt détruit (1).

Nous nous sommes occupés du régime de l'indigent, et c'en est un agréable, nutritif, salutaire et économique que nous lui avons indiqué.

Nous avons beaucoup amélioré le régime militaire. Quant au régime de la garnison de toute place assiégée, il ne doit plus être que celui que nous avons prescrit; *nos produits* et *des os*. Je ne consens point à capituler avec les entrepreneurs de vivres, puisque, de ces deux bases alimentaires, l'une végétale, l'autre animale, dépendra si efficacement la défense des

____

(1) Visitant, avec *Baumé*, l'arsenal de Brest, nous vîmes des armes, fusils, sabres, etc., qu'on venait d'y réintégrer au retour d'une course en mer. Tout était corrodé, ce qui me fit naître l'idée d'étamer sur-tout les fusils. Je la reproduisis sous l'administration du Comité de Salut public, et elle fut réalisée. Un décret autorisa l'établissement d'un atelier aux Feuillans, où existait déjà une fabrique d'armes. On y étama deux milliers de fusils; j'en ai conservé deux, ou plutôt je les ai abandonnés à eux-mêmes, et depuis cette époque ils se sont maintenus en bon état.

places fortes, à laquelle s'oppose la destructi-
bilité des munitions de bouche, objets de leur
fourniture.

Mais c'est sur-tout le régime maritime qui
requiert la sollicitude de l'économie ; ce régime,
aussi vicieux qu'il puisse l'être, est entièrement à refaire. Qu'on me passe cette inculpation ; elle doit être permise à celui qui s'occupe de l'améliorer; mais pour ne pas paraître
me livrer à une déclamation inconvenante,
passons en revue ce régime.

De l'eau.

Le sénateur *Berthollet* a indiqué la carbonisation des fûts, comme moyen conservateur
de l'eau (1) ; ce moyen est consacré par l'expérience.

Il en est un autre qu'on a récemment publié :
c'est de frotter l'intérieur du vaisseau d'amandes

---

(1) Le procédé de la carbonisation des tonneaux est également applicable aux liqueurs vineuses ; l'expérience en a été faite
anciennement par un curé de Normandie pour la conservation
de son cidre, dont il ne pouvait avoir d'approvisionnement d'une
année à l'autre, parce qu'il aigrissait dans son cellier, où les cer-
ceaux et les douves se pourrissaient. Notre curé fit faire quatre
tonneaux en douves épaisses ; on les carbonisa, et au bout de
quatre ans le cidre s'y trouva non-seulement bien conservé,
mais singulièrement amélioré.

amères , qui s'écrasant par le frottement, l'enduisent d'un vernis gras et mucilagineux.

Du bouillon.

On ne fait pas ou l'on ferait de très-mauvais bouillon avec de la viande salée (1) ; c'est donc

---

(1) L'économie d'eau est encore un motif d'exclure la préparation du bouillon sur un navire ; mais rien de plus simple que d'en préparer de très-bon avec de la viande conservée fraiche et de l'eau de mer.

J'en proposai le moyen à *Lapeyrouse*, lors de son voyage pour le tour du monde. Je ne l'avais pas exécuté, et son départ était trop prochain pour qu'il pût l'être ; mais je ne doutais pas de son efficacité : depuis j'ai effectué cette idée, qui consiste à mettre de l'eau de mer dans une marmite ordinaire ; cette eau est destinée à faire *bain-marie* et tout à-la-fois bain de vapeur : six ou huit pouces suffisent. On a un vaisseau de tôle étamée ou de fer-blanc qui plonge dans l'eau. Le couvercle de la marmite, au lieu d'être ou plat ou légèrement bombé, forme une calotte renversée ; voilà en quoi consiste tout l'appareil : *une marmite ordinaire ;* le vaisseau *destiné à recevoir la viande* plongé dans l'eau, elle cuira au bain-marie, et de plus au bain de vapeur. On sale la viande ; on pose le couvercle ; on met dans la concavité de sa calotte de l'eau froide, qui fait l'office de condensateur de l'eau du bain-marie à mesure qu'elle se réduit en vapeur. Cette eau condensée retombe sur la viande. Ainsi on aura un bouillon fait avec de l'eau distillée.

La quantité de bouillon est proportionnée à celle de l'eau qu'on a condensée, en renouvelant de tems en tems l'eau froide, laquelle s'échauffe très-promptement.

Ce condensateur, que j'ai appliqué à mon *fourneau-potager-économique*, met à la disposition de la ménagère trente pintes

un secours dont on est privé du moment où la
viande fraîche vient à manquer. *Alors recourons au bouillon d'os!* et ce que les puissances
maritimes du Nord de l'Europe ont adopté,
peut l'être en France, quoique cette appropriation des os à la marine soit nationale; mais
son émigration à l'étranger devient par cela
même une recommandation pour certains Français. Voici donc les bouillons de l'homme en
santé, en maladie, en convalescence; enfin
de la gélatine, la même que donnerait de la
viande fraîche.

De la viande fraîche.

CE n'est point ici un traité complet de l'économie alimentaire maritime, que je prétends
donner; mais au moins indiquerai-je ce qui doit
l'améliorer, sur-tout pour les passagers qui,
étrangers au régime de la mer, sont contraints
à naviguer, enfin pour les cas de maladies.

---

d'eau successivement échauffée. Par ce moyen, on a un excellent bouillon et une viande parfaitement cuite, et c'est deux
sous de bois ou trois sous de charbon qu'il en coûte pour la
préparation du dîner de la famille, et de plusieurs mets qui
cuisent ainsi à la faveur du pot-au-feu.

Ainsi donc, avec cet appareil que je viens de décrire, on
peut obtenir sur un vaisseau, et dans les voyages du plus long
cours, de très-bon bouillon avec de l'eau de mer, soit au
moyen des os, ou avec de la viande fraîche.

Il y a des moyens connus de conserver de la viande fraîche; ils se réduisent à deux, dont le plus simple est celui de l'immersion de la viande dans de l'huile.

Ce n'est pas que les viandes bien fumées ne se conservent parfaitement, mais elles ne donnent pas de bon bouillon.

La viande coupée par morceaux, se dépose dans une jarre de grès. On les oint d'huile; on les comprime et on recouvre la surface avec de l'huile, dont une épaisseur du doigt suffit pour la conservation de la viande pendant une année entière.

La viande retirée, l'huile n'a rien perdu de sa qualité.

Observons que ce moyen est applicable au poisson; un propriétaire, dont l'habitation est voisine d'une saumonerie, s'approvisionne, aux époques de la pêche, du saumon qu'il conserve ainsi dans l'huile; en sorte qu'en tout tems il en paraît sur sa table de très-frais, quoique déjà ancien. C'est ainsi que la science économique procure beaucoup de petites économies et d'a-gréables jouissances.

Le second procédé est celui de M. *Cazalet:* il consiste à exposer la viande fraîche dans une étuve pour, à l'aide de la chaleur, lui enlever une portion de son humidité surabondante ; car c'est l'humidité qui donne le branle à la fermentation, et cette humidité soustraite, la substance reste inactive.

Alors, pour préserver la surface de la viande de l'action de l'air, on recouvre les grosses pièces de graisse sèche, de suif fondu, dans lequel on les plonge et les retire, ou d'une colle animale qui fait vernis; et par préférence de la gélatine des os, comme moins altérable et plus sèche.

Ces résultats, M. *Cazalet* les présenta à l'Académie royale des Sciences, ils ont été l'objet d'un rapport fait par *Macquer* et *Cadet* mon frère. Au dîné qui devait nécessairement être la dernière opération de la commission, on servit toutes viandes qui avaient au-delà d'une année de conservation.

On préparerait de la sorte un millier de viande par jour, et l'opération ne coûterait point à coup sûr mille sous; cependant a-t-on employé ce moyen ? C'est ainsi que l'amour de l'humanité conçoit le bien, que la science le réalise, que le gouvernement l'accueille, et que, tout en le voulant, des intérêts secondaires l'emportent sur cette quadruple puissance. Cependant on voit par intervalle quelques-uns de ces heureux germes se reproduire et féconder.

De la viande putréfiée.

Je renvoye à mes expériences si concluantes, sur la désinfection de la viande par le moyen du charbon; expériences que je publiai en thermidor an XI, (juillet 1803) (1), et aux-

---

(1) Je reviens sur la désinfection de la viande, dont beaucoup de personnes, malgré la publicité donnée à cette expérience, ont oublié les détails pour ne se rappeler que les gaietés qu'on s'est permises sur ce mode de restauration des viandes, si intéressant pour l'économie domestique, particulièrement pour la marine, et sur-tout pour l'indigence.

En effet, un bon maire a tiré un très-bon parti de ce procédé : ayant beaucoup de pauvres et peu de moyens, il achète, chez les bouchers de sa petite ville, la viande qu'un tems orageux ou les chaleurs font gâter. Il la paye trois sous la livre, la désinfecte, en fait d'excellent bouillon et de très-bonne viande bouillie.

Je passe sur mon expérience pour ne citer que l'extrait de celle faite à Brest par le Conseil de santé de la marine, dont le rapport a paru dans le *Moniteur* de septembre 1803.

« Six livres de belle viande de bœuf ont été soumises, pendant trois jours, à toutes les causes, à tous les agens qui pouvaient en déterminer et en favoriser la décomposition ; c'est-à-dire, qu'abreuvée de ses sucs, elle a été tout ce tems mise en contact avec l'air atmosphérique dont la température était de 20 à 21 degrés.

» Après ces trois jours, la viande était de couleur bleue et verdâtre ; il s'y était formé une grande quantité de vers et elle exhalait une odeur fétide et nauséabonde ; en un mot, une puanteur si insupportable, qu'on fut obligé de parfumer le lieu où elle était déposée. Telle le Conseil la désirait pour se bien convaincre de la toute-puissance du moyen de désinfection que voici :

quelles M. le comte *Cafarelli*, préfet-maritime de Brest, a donné toute l'importance que l'objet méritait.

» On commença par laver cette viande dans de l'eau bouillante, pour détacher les vers et la moisissure qui la couvraient. Deux livres de charbon de bois ordinaire avaient été préparées d'avance, c'est-à-dire. concassées, passées au crible et lavées. La viande en fut enveloppée, mise dans un sac de toile, puis dans un pot de terre vernissé, qu'on remplit d'eau, en y ajoutant quelques poignées de charbon. Le vase était de la contenance de dix pintes. Après avoir bouilli pendant deux heures, la viande en fut retirée et lavée pour la *décharbonner*. On acheva de la faire cuire dans de nouvelle eau, avec les assaisonnemens convenables. Alors elle était ferme, d'une belle couleur, et avait cette odeur suave particulière au bon bœuf. Elle fut goûtée, ainsi que le bouillon, dans lequel on avait mis quelques tranches de pain, par tous les membres du Conseil et par plusieurs personnes présentes à l'expérience ; et d'une voix unanime, la soupe et le bouilli furent reconnus excellens. »

Passons sur la fin du rapport dont il est si facile d'asseoir les conclusions, sur-tout cette expérience confiée, comme elle l'a été par M. le Comte *Caffarelli*, à des hommes honorables dénués de toute autre passion que celle du bien.

Ce moyen si simple, puisqu'il consiste à faire bouillir, pendant quelques instans, la viande putréfiée du quart au sixième de son poids de charbon, peut facilement s'exécuter en mer. C'est ainsi qu'à son retour de Saint-Domingue, un de mes fils proposa de désinfecter des saucissons en putréfaction qu'on ordonnait de jeter à la mer ; et les vivres n'étant rien moins qu'abondans, il ménagea cette ressource aux passagers.

Le poisson corrompu se désinfecte par le même moyen, et c'est à de la marée infecte que je fis, il y a vingt-cinq ans, la première application de ce procédé, renouvelé de nos jours par M. *Lowitz*, quoique de toute antiquité on ait connu la propriété conservatrice du charbon, ce qui devait conduire à cette propriété de *désinfecter*.

Passons maintenant à notre nouvelle base nutritive, comme destinée à devenir une de celles du marin.

Base alimentaire végétale.

CETTE base, ce sont nos produits qui offrent à la marine :

1°. La pomme-de-terre en nature, et ayant conservé toutes ses anciennes appropriations.

2°. Cette même pomme-de-terre remplaçant les mauvais légumes secs d'embarcation, tout en admettant qu'ils ont été embarqués de bonne qualité.

3°. Le gruau.

4°. Le gruau légèrement torréfié.

5°. La farine par dessiccation, propre à divers usages.

6°. La farine par extraction.

7°. L'association de ces farines avec celle de froment, ce qui procurera du pain frais à l'équipage.

8°. Enfin ce même pain, cuit à l'état de biscuit, est susceptible de la plus longue conservation.

Les divers appropriations de ces produits deviennent donc pour la marine un motif d'adoption, car pendant les longues navigations, il y a un peu trop d'uniformité dans le régime alimentaire maritime.

Je ne parlerai pas de l'économie pécuniaire, *ce tronc de toutes les branches de l'économie;* j'en ai fait amende honorable générale à la classe des fournisseurs, en offrant à la guerre et à la marine et ces os et ces produits, dont la livre de l'un et de l'autre ne s'élève pas au prix de 2 sous, et qui toutes deux sont, de toutes les bases alimentaires, les plus nutritives et les plus saines.

Dès-lors plus de scorbut à redouter, si la propreté de l'équipage et la salubrité de l'air du navire y sont sévèrement entretenus.

Plus de scorbut, dis-je, à redouter! en effet, s'il existe substances qui puissent efficacement contrebalancer l'effet des salaisons, ce sont les os, comme donnant un bouillon égal à celui de la viande fraîche. C'est la pomme-de-terre qui, dans cet état de dessiccation, n'en conserve pas moins tous ses principes constituans; ils sont concentrés et ne sont point altérés par le degré de chaleur qu'elle a subi : aussi n'a-t-elle rien perdu de sa propriété anti-scorbutique. La chaîne est l'emblême du bien, il se compose d'anneaux unis et se prêtant une force mutuelle; c'est ainsi qu'ayant eu d'abord pour but unique la conser-vation de la pomme-de-terre, il en sera cepen-

dant résulté des modifications qui, en éten-
dant les appropriations des pommes-de-terre,
en auront fait une sorte de protée alimentaire ;
en effet, elle a déjà reparu sous beaucoup de
formes, et toujours affectant des saveurs diffé-
rentes.

De la préparation de ces approvisionnemens pour la marine.

LES galériens n'ont plus de galères à monter ;
et c'est dans les bagnes à Brest, à Anvers, etc.,
que se prépareront les approvisionnemens et
d'os et de nos produits ; en sorte que cette économie dans la manutention réduit de moitié
le prix déjà si modique de ces deux substances
nutritives, et l'on pourra ne pas mettre l'adju-
dication au rabais.

Du régime du forçat.

LE régime du forçat doit être le plus économique, mais il doit être le plus salutaire, ainsi
que le plus nutritif ; l'humanité et l'intérêt même
du gouvernement en ordonnent ainsi.

Déjà les forçats à Brest et les troupes de la
marine à Anvers, doivent à MM. les comtes
Cafarelli et *Malouet* l'amélioration alimentaire

qui, résultant du bouillon d'os, remplit ces trois premières conditions ; aliment très-nourrissant , le plus sain , mais sur-tout le plus économique.

Si on ajoute nos produits au régime du forçat, voilà une condition de plus et qui , pour quelques gens , sera une condition de trop ; savoir, l'excellente qualité de l'aliment.

« Ils sont déjà trop bien nourris : ce sont des hommes condamnés ; la plupart ont mérité la mort. » Telle est la réponse que me fit le dépositaire d'une autorité qui pouvait influer sur l'amélioration alimentaire du forçat que je sollicitais.

« Ce sont des hommes, répondis-je, ils sont condamnés , mais la peine qu'on acquitte est une sorte d'absolution du crime : si la plupart ont mérité la mort, pourquoi serait-on plus sévère que la loi ? la balance de la justice a deux plateaux , dans l'un est l'épée et dans l'autre la miséricorde. » Peu s'en fallut que ce langage ne fût traité de déclamation *philosophique*. J'eus donc à plaider contre la négative, et j'ajoutai : « Eh bien ! je quitte le rôle d'ami de l'humanité, et je consens à ne plus voir un homme dans le forçat ; mais j'y trouve un instrument vivant, utilement employé à un travail. Si dans les vastes ateliers , il s'exerce une surveillance active sur le bon état des instrumens mécaniques ; si les cognées sont bien aiguisées et les roues bien graissées, il est également de l'intérêt de la chose que ces *hommes-machines* (car je consens à ne les considérer que comme tels), soient entretenus en bon état; mieux nourris, ils en travailleront mieux et n'iront point encombrer l'hôpital. » La cause fut ajournée indéfiniment.

CHAPITRE XI.

APPROPRIATIONS DES PRODUITS DE LA POMME-DE-TERRE A LA NOURRITURE DES ANIMAUX.

LA pomme-de-terre semble n'avoir été, dans l'origine, accueillie en France que comme nourriture des animaux et notamment du porc ; car ce n'est que successivement qu'elle est devenue celle du mouton, du bœuf, de la vache, etc. Enfin de la table du riche, elle a passé sur celle du pauvre. Toutefois ce fut un crime aux yeux du peuple des villes et des campagnes, à l'époque de la disette factice qui devait prêter son secours à la révolution, de lui parler de pomme-de-terre (1).

______

(1) A cette époque les apôtres de la pomme-de-terre devinrent suspects au peuple. Il fut prudent à M. *Parmentier* de voyager. pour ne pas en devenir le martyr. De mon côté, je fus obligé de quitter et Paris et ma commune. J'avais proposé au Gouvernement de faire planter la Plaine des Sablons en pommes-de-terre et en turneps , pour offrir à la Capitale une expérience en grand de ces cultures sur le sol le plus ingrat.

Mais aujourd'hui la conversion est devenue générale ; la pomme-de-terre est admise dans toutes les classes , et les nouvelles appropriations qu'elle vient de recevoir , ajouteront nécessairement encore à ses bienfaits.

En effet, nos produits dans leurs trois états, en rouelles, réduits en farine ou en gruau, assurent doublement l'existence de l'homme, en assurant celle des animaux dont il fait sa nourriture ; depuis le poulet à l'épinette jusqu'au bœuf à la crèche, tous peuvent se nourrir et s'engraisser de ces produits.

L'algèbre ne néglige pas la plus petite fraction ; de même l'économie ne doit négliger

---

C'est cinquante setiers de pomme-de-terre qu'on obtint par arpent : on les avait plantés à la charrue et sans engrais. *Cretté de Pallael* dirigea l'opération , dont l'intendant de la généralité de Paris , *Berthier* , fit les frais.

La récolte eut lieu , lorsque déjà la disette se prononçait dans Paris , circonstance qui changea la destination de cette récolte que j'avais proposé d'abandonner aux Suisses de Courbevoie , et on mit à la disposition des pauvres de Saint-Nicolas un millier de setiers de ces pommes-de-terre. Le curé fut chansonné. Je reçus le conseil de quitter Paris. Je partis pour Franconville, où déjà j'avais été dénoncé à un club voisin pour avoir cultivé cette année , en pomme-de-terre , une assez grande étendue de terrain qui n'avait pu l'être en froment , ce qui me força de quitter également ma commune , pour laisser passer l'orage. Certes ce ne sera plus à des malédictions que m'exposeront les nouvelles appropriations que je donne à la pomme-de-terre.

aucun détail, et la basse-cour va nous en offrir un assez grand nombre dans lesquels nous allons entrer.

De la volaille.

LA volaille est chère à nourrir, si ce n'est chez le fermier; pour tout autre l'entretien de la basse-cour est plus jouissance que profit, car la volaille se nourrit des céréales, orge, avoine, criblures de blé; tous grains alimentaires pour l'homme.

Le sarrasin, le chènevis, qui lui sont plus spécialement destinés, communiquent du goût à sa chair et sur-tout à celle du pigeon : enfin la volaille refuse les légumineuses, le haricot, etc. ; mais elle mange avec avidité de notre gruau, puisque c'est de grains qu'elle se nourrit, lorsque ce sont les trois quarts d'eau de végétation que contient la pomme-de-terre, dont on a aussi tenté d'alimenter la volaille : aussi elle se dégoute promptement de ces tubercules, même cuites, parce que ce sont des graines sèches qu'il lui faut.

D'ailleurs cette nourriture prolongée retarde la ponte et retarderait bien plus la couvée.

Aussi dans les tems disetteux de grains, élève-t-on peu de volailles.

Or, la pomme-de-terre, réduite en gruau de

la grosseur de grains d'orge ou d'avoine, devient leur base alimentaire la plus nutritive, ainsi que la plus économique.

Répéterons-nous que 3o livres de gruau représentent 100 livres de pomme-de-terre? On ne donnerait pas par jour un quintal de pommes-de-terre à 100 poules; eh bien! si nous le leur donnons réduit à ces 3o livres de gruau, le prix de leur nourriture ne reviendra qu'à 40 sous, et dans le tems de la ponte ce sera 5o œufs qu'elles pondront journellement.

Alors il ne serait plus vrai de dire, ce qui est en effet, que pour les propriétaires non-cultivateurs les œufs reviennent à 5 sous, et le gros cultivateur lui-même aura recours à ce moyen pour la saison où il nourrit sa volaille de criblures, qu'alors il vendra.

C'est avec avidité que les poules mangent de ce gruau; je leur en ai même présenté d'aussi menu que possible, et elles n'en ont pas laissé la plus petite parcelle.

Deux douzaines de poulets nouvellement éclos, auxquels on avait donné, les trois premiers jours, du pain émié, et les trois jours suivans du petit millet, se sont jetés sur le gruau répandu sous leur cage; et quatre avaient péri dans les trois jours où l'on avait fait succéder le millet à la mie de pain. A plus forte raison les canards et les oies si voraces, sont-ils friands de notre gruau. Le dindon, peu difficile, sera nourri et beaucoup mieux engraissé avec ce gruau qu'avec ses noix.

Voici donc la base alimentaire des volailles, convertie de grains en gruau, et ces grains ne seront plus qu'un accessoire, car la variété est quelque chose pour les animaux ainsi que pour l'homme; dès-lors l'économie pourra appliquer la majeure partie des grains dont se nourrit la volaille à d'autres usages, ou destiner à d'autres cultures la portion de terrain consacrée à celles-ci.

Du porc.

Il en est du porc comme de la poule, dont la nourriture est peu coûteuse dans une grande exploitation, ou le sérum et la partie caseuse du lait lui fournissent une ample nourriture.

On y ajoute de la pomme-de-terre, mais à la longue il s'en dégoûte : c'est cuite qu'il faut la lui donner, et ce n'est pas avec elle qu'il s'engraisse, s'il n'a pas de glandée; et même en eût-il, il lui faut, pour terminer son engrais, orge ou avoine, du son et des remoulages, dont quelquefois on fait du pain. Cet animal est un fort consommateur, qu'on rassasie difficilement, et son engrais tient à sa satiété.

Or, comme dans les tems de disette, la subsistance de l'homme et du cheval revendique orge et avoine, il en résulte qu'alors on fait beaucoup moins d'élèves, et le porc beaucoup plus cher, prive la classe populeuse de cette viande la plus nutritive de toutes; et comme se sont des farines qui terminent son engrais, la nôtre lui fournira la plus grande masse alimentaire et la moins coûteuse sous le moindre volume : il est inutile de dire que le porc doit dévorer cet aliment, lui qui dévore tout.

On l'engraisse aussi avec de la chapelure de pain, qu'on ne se procure pas facilement et qui coûte assez cher : or, notre gruau desséché à la chaleur qui cuit le pain, se convertit en une véritable chapelure également nourrissante et toujours à 1 sou 4 deniers.

Voici donc toutes les conditions de l'engraissement qui se trouvent réunies, savoir : la pomme-de-terre devenue aussi esculente qu'elle l'est peu de sa nature, ou plutôt passée à l'état sucré. L'aliment donné chaud, et qu'il suffit à cet effet d'étendre dans quelques pintes d'eau bouillante. Voilà la chaleur et l'eau combinée : comme nos produits fermentent facilement, on les donnera au porc dans cet état d'un commencement d'acidité gazeuse, et 24 heures suffisent pour y exciter ce mouvement. Alors on n'aura point à former d'établissemens de distilleries exprès pour engraisser des bestiaux, et il y aura l'économie des grains employés à cet objet.

Des lapins.

Le lapin bien nourri et tenu avec propreté, paye les frais de son éducation domestique; disons en passant, que la castration le rend, pour le goût, préférable au lapin de garenne, outre qu'il prend beaucoup de chair et de graisse; si ces détails sont utiles, pourquoi les passerait-on sous silence ?

Il est aisé de nourrir en été le lapin comme herbivore; mais sa nourriture devient plus coûteuse en hiver, car il consomme de l'orge, de l'avoine et du son, substances moins nourrissantes et constamment plus coûteuses que ne l'est notre gruau qui convient fort au lapin. On le saupoudre légèrement de sel, et on met de l'eau à la disposition de l'animal, sur-tout quand il est réduit à une nourriture sèche.

L'économie qui calcule si sévèrement le prix de la nourriture de ses poules, de ses pigeons, l'engrais de son porc, et à laquelle tout cela devient plus coûteux que si elle l'achetait, n'aura plus à regretter cette jouissance à laquelle le propriétaire-bourgeois ne laisse pas de sacrifier.

Des chiens.

C'est de pain qu'on nourrit les chiens de chasse, mais parlons des chiens de basse-cour plus utiles et qu'on nourrit mieux ; c'est un pain inférieur, il est vrai, qu'on leur destine, mais toujours faut-il qu'il soit nourrissant ; et c'est avec un véritable regret que l'on présente au chien ce même pain que, dans quelques circonstances, le malheureux envierait.

Lui donner pour nourriture d'excellent gruau en place de ce pain, cela soulage l'ame, et on le lui donne d'une main moins avare.

Or, c'est avec une extrême avidité que le chien de basse-cour mange de notre gruau ; j'en ai présenté au mien une poignée sèche qu'il a dévorée dans ma main, ainsi qu'il dévore sa pâtée faite de la pomme-de-terre en rouelle cuite dans l'eau de vaisselle.

Du chat.

Pour former le cercle, il faut bien parler du chat : c'est un animal domestique ; il consomme, et il relève de l'économie. Tous les chats ne vivent pas de souris : puisqu'on les a comme animaux utiles, on doit les nourrir.

C'est du pain, et c'en est quatre onces par

jour qu'ils consomment; or, trois onces de gruau, dans son état de siccité, répondent à quatre onces de pain; et c'est à un denier l'once que revient ce gruau, auquel on ajoutera des débris de viande, de graisse et de l'eau, pour en faire une pâtée; on pourra se permettre de nourrir à ce prix des chats même inutiles.

J'ai deux de ces chats, et circulant autour de la table à l'heure des repas; ce sont deux commensaux bien nourris. On venait de préparer la pâtée du gros chien; sans trop d'assurance de succès sur l'épreuve que j'allais tenter, je leur en présentai; ils dormaient, je les réveillai, et tous deux en mangèrent de très-bon appétit; on juge s'ils furent bien caressés.

Quelques gens hésiteraient, je le sens, à écrire de pareils détails, dans la crainte de compromettre la dignité de la science; lisons les anciens et ils nous prouvent dans leurs écrits que les détails font la dignité de la science économique. Xénophon, dans son immortelle ouvrage *des Economiques*, n'a pas cru faire descendre Socrate de sa dignité de premier des sages, en le fesant applaudir à *l'ordre symétrique des vases de cuisine et des chaussures de la femme d'Ischomaque*. D'autres tems, d'autres mœurs, ne doit pas être l'adage de l'économie; les vertus, et l'économie, qui est la première de toutes, sont immuables.

Du mouton.

Des herbages en été, du fourrage sec en hiver, forment la nourriture du mouton.

Mais veut-on l'engraisser? le moyen le plus économique sera notre gruau, sa chair s'en améliorera et il prendra plus de graisse ; la bonté des viandes dépend de celle de la nourriture.

Du bœuf.

L'engrais du bœuf est dispendieux; on le nourrit, sans qu'il travaille, pendant six mois, tems qu'abrège cependant une nourriture plus appropriée, et telle est celle qui résulte des résidus de la distillation des grains; parce que, dans ce cas, c'est l'aliment chaud et fermentant qu'on lui donne.

Mais on le livre à l'engrais dans des contrées où l'on ne distille point, et dans les contrées où l'on distille, il arrive que la rareté des grains fait suspendre les distilleries ; ce n'est pas le fourrage seul qu'on peut substituer aux marcs.

On employe, il est vrai, la pomme-de-terre, la betterave à l'engraissement du bétail, mais l'une et l'autre n'ont qu'un tems; en sorte que notre gruau plus économique qu'aucun grain, suppléera et aux marcs et à la pomme-de-terre, qui se trouvera par là prolongée, et beaucoup plus nourrissante dans son nouvel état.

Du cheval.

Rien de tel que la nécessité et l'intérêt en souffrance, pour vaincre les préjugés et l'habitude.

Dans l'abondance on regarde moins aux frais de nourriture du cheval; dans les tems de pénurie on le rationne souvent avec parcimonie, et l'animal souffre.

Déjà quelques amis de l'économie, et spécialement M. *de Liancourt*, ont nourri avec beaucoup de succès les chevaux avec la pomme-de-terre crue et coupée; mais commence-t-elle à germer, tous les animaux s'en dégoûtent et surtout le cheval; il faut alors lui rendre l'avoine, qui est souvent à un prix très-élevé.

Or le gruau de pomme-de-terre deviendra l'avoine du cheval, au tiers peut-être du poids, car l'avoine, sur-tout javelée, riche d'écorce, est pauvre de farine; farine qui est le plus souvent altérée par suite de ce javelage, que maintient la cupidité du cultivateur, et qui cesserait d'avoir lieu, si l'avoine se vendait au poids au lieu de se vendre à la mesure.

Beaucoup de chevaux, sur-tout le vieux cheval, et plusieurs par avidité, mâchent mal l'avoine, ce qu'atteste le crotin dans lequel on retrouve partie du grain.

Entier, le gruau ne demande pas de mastication; et il n'a pas d'écorce qui le soustrait à l'action des sucs digestifs, et pas un grain ne se dérobera à la digestion et à la nutrition.

Aussi avait - on conçu l'idée de convertir l'avoine en pain; dans le nord, c'est du pain qu'en route on donne aux chevaux.

J'ai donc donné du gruau à des chevaux; ils l'ont mangé avec une sorte d'avidité, et ils retournaient la tête pour en redemander; mais mon approvisionnement de nos produits ne me permet pas de rationer pour le moment un ou deux chevaux. C'est une expérience remise à la récolte, et elle sera faite par plus d'un propriétaire.

De l'âne.

Nous ne parlerons pas de l'âne, qui vit de tout et qui sait vivre de rien. On lui reproche l'avoine, qu'on ne lui reproche pas quelques poignées de gruau; et il relèvera sa tête abattue par l'excès du travail et de l'abstinence.

Le danger passé, on néglige le saint; et combien d'*ex-voto*, que dans ces derniers tems on a faits à la pomme-de-terre, qui ne seraient pas acquittés au moment de l'abondance, si nos produits ne devenaient la nourriture la plus économique de la basse-cour ! car l'imprévoyance de l'homme sur ses approvisionnemens personnels, ne s'étend point sur ceux de ses bestiaux ; il calcule ce qu'il lui faut de paille, de foin, d'avoine ; ses greniers sont pleins, et si on excepte sa cave qu'il tient, avons-nous dit, bien garnie, il a, tout au plus, un sac de farine à sa disposition ; il ne met point en réserve 5 ou 6 perches de terre pour cultiver choux, navets, carotte, potiron, etc., lorsqu'il a d'ailleurs des champs de betteraves et de turneps pour son bétail, en sorte que, devant faire provision de nos nouveaux produits pour ses animaux, il y aura par ce moyen trouvé la sienne.

CHAPITRE XII.

RÉSULTATS DES NOUVELLES APPRO-PRIATIONS DE LA POMME-DE-TERRE EN FAVEUR DE L'ÉCONMIE RURALE.

DÉJA nous avons obtenu l'assentiment des diverses économies auxquelles nous avons offert nos produits; il nous reste à obtenir celui de l'économie rurale, et, en dernier ressort, l'assentiment de l'économie domestique.

§ Ier. *Du froment.*

PRÉVENONS avant tout une grave objection. Le préjugé qui, sans examen, repousse tout ce qui s'écarte de la route battue, et l'indifférence qui accueille si froidement tout ce qui est bon et utile, pourraient, d'après les nombreuses appropriations que nous assignons à cette nouvelle base alimentaire, se ménager l'inculpation que voici : de supposer que nous prétendrions mettre la pomme-de-terre au-dessus du froment.

Non, sans doute : la culture du froment

marche avant tout. Le froment, ce type primitif des valeurs dont les métaux ne sont que la représentation, et qui est devenu monnaie dans les pays frumentacés ; le froment enfin qui a placé au rang des Dieux les premiers mortels qui firent ce présent à l'homme, le froment doit être préféré à tout. Non-seulement son grain remplit nos greniers, mais son chaume ou sert à couvrir l'habitation des pauvres, ou reste dans le champ qu'il fertilise et dispose à d'autres cultures. Sa paille, tout en servant d'un excellent fourrage, fait litière, pour retourner à la terre, enrichie de principes qui en font le premier des engrais, sur-tout dans les terres compactes : tandis que la pomme-de-terre se borne à rendre au sol la portion de ses débris, comme devenant à-peu-près nuls pour la nourriture des animaux ; car il y en a peu qui mangent volontiers même la feuille de la pomme-de-terre, à moins qu'elle ne soit mêlée avec d'autres herbages (1).

––––––––––

(1) On peut ajouter que ces débris de la pomme-de-terre sont à-peu-près aussi nuls pour l'engrais. En effet, on laisse dispersées à la surface du champ les tiges et racines, et là elles se dessèchent pour ne rendre au sol que la plus petite portion de terre végétale, tandis qu'on décuplerait l'engrais en les enfouissant, ainsi qu'on enfouit le trèfle, le sarrasin, etc.

Mais si la nature de la rotation s'oppose à cet enfouisse-

Le pain le plus beau , le meilleur et le plus nutritif , est celui de farine de froment. En extrayant cette farine , on obtient encore son, recoupes , recoupettes et remoulages , propres à la nourriture des animaux ; quelquefois aussi partie de ces résidus fait, dans les tems disetteux , la nourriture de l'homme.

Mais le froment manque parfois à l'aliment de l'homme , sur-tout quand il devient base alimentaire et exclusive , comment y suppléer ?

Anciennement les classes populeuses mangeaient du pain de sarrasin, d'orge, de seigle, ou au moins de méteil, tandis que maintenant c'est, dans nos villes, deux à trois livres que l'Auvergnat, et trois à quatre livres que le Li-

---

ment , il est possible de tirer un parti aussi utile de ces racines et tiges en creusant, à l'extrémité du champ , une fosse d'un ou deux pieds au plus de profondeur , sur une largeur d'environ six pieds : dans cette fosse , on met une couche de la plante , qu'on recouvre d'une couche de terre ; six pouces d'épaisseur suffisent pour l'une et l'autre , et on élève ainsi lit par lit la couche à deux ou trois pieds au-dessus du sol , et le pourtour flanqué de terre.

On hâtera la fermentation de la masse , et on ajoutera à l'efficacité de cet engrais compost en arrosant de lait de chaux vive le lit de la plante.

C'est le procédé que j'ai publié pour la conversion , en un engrais énergique, des tiges de tabac , dont la culture exige tant d'amendemens , et qui ne rend rien de ses débris à la terre , lorsque tout autre végétal lui abandonne plus ou moins de ces mêmes débris.

mousin mangent par jour du pain le plus blanc, le plus léger et le plus délicat ; pain qui leste mal ces estomacs vigoureux.

C'est donc un arpent de froment qu'il faut pour notre Limousin, en le réduisant à un peu moins de trois livres et demie.

Comment, encore une fois, les sociétés ont-elles pu consentir à faire ainsi du froment une *base alimentaire exclusive ?*

Ce sont les Grecs et les Romains qui ont épousé cette base alimentaire, et les fastes de leur histoire ainsi que ceux de toutes les nations attestent combien les Gouvernemens ont eu à se reprocher cette prédilection qui a donné lieu à des famines, à des séditions, et qui a renversé des trônes.

En effet, le froment manque quelquefois à l'homme, ne fût-ce que du fait de la nature ; c'est elle qui, dans le siècle dernier, a causé les famines de 1709 et 1740.

Mais, quelle que soit l'intempérie des saisons, le froment suffira s'il n'est pas aliment exclusif, et s'il a à ses côtés notre nouvelle base alimentaire.

La chose publique sera sans crainte ; un approvisionnement de nos produits calmera l'inquiétude de l'économie privée, et elle n'ira pas à tout prix se précautionner de blé et farine qu'elle enlève à la consommation , et dont sa prévoyance produit l'effet d'élever rapidement les prix et de paralyser les marchés.

Nos produits alimentaires, répétons-le jusqu'à satiété, parce que c'est, de toutes les vérités économiques, la plus démontrée; nos produits, dis-je, ne laissent plus à redouter ni famine ni même de disettes ; le froment pourra favoriser d'heureuses spéculations, soit en le versant dans nos provinces dont la récolte aurait trompé les espérances du cultivateur , soit en l'exportant.

Ces importations alors n'auront rien d'alarmant , et rentreront dans la classe des opérations commerciales habituelles.

Dans les contrées où l'on cultive simultanément le froment et le maïs , si l'intérêt du cultivateur en ordonne ainsi , il vend son froment et se nourrit de maïs.

Rappelons les vingt-sept charrues du *Cincinnatus* de l'Amérique , son immense récolte en froment , et sa table servie de maïs.

Le petit cultivateur que nous supposons exploiter ses deux arpens de blé , suffisant bien strictement à la nourriture de sa famille, vendra la récolte de l'un de ses deux arpens , et y suppléera de reste avec un demi-arpent planté en pommes-de-terre , qui lui donnera une masse alimentaire de 4,500 livres pour les 1,200 liv. du blé qu'il aura vendu.

Le faucheur, le batteur en grange qu'on paye en froment, s'estimeront très-heureux d'en vendre partie, et de compléter leur régime alimentaire avec les 450 livres de nos produits qu'ils obtiendront de cinq perches de terre. S'il est célibataire, le voilà nourri.

Mais on cultivera nécessairement moins de froment ? Soit ; et c'est ainsi que le requiert l'économie rurale. En général, on en cultive trop ; en effet dans les années d'abondance on ne sait que faire de son grain. Pendant plusieurs années consécutives les greniers de la France regorgeaient, le fermier était dans l'impuissance de payer son propriétaire ; un grand nombre proposait la résiliation des baux ; alors le blé n'était plus qu'une monnaie de bas aloi, et on n'en payait pas moins cher les journées et toute autre denrée : c'est ainsi qu'une extrême abondance équivaut à la stérilité. Il en est des pays frumentacés comme des pays vinicoles : le vin est-il cher ? on étend la culture des vignes. Deux années de suite sont-elles abondantes ? on regorge de vin, et le vigneron arrache sa vigne. Il en a été ainsi du froment dans ces derniers tems, où beaucoup de fermiers ont changé leur assolement en prairies. Alors on désirait et on redoutait tout à la fois l'exportation , qu'il serait absurde de redouter quand derrière le froment il y aura dans chaque ménage , ou dans chaque commune rurale, le corps de réserve d'un approvisionnement de plusieurs milliers de nos produits. Alors l'exhaussement du prix des grains devient une grande fortune pour le petit propriétaire qui, des quarante setiers de blé destinés à la subsistance de sa famille, pourra en vendre vingt et même trente; c'est trois ou quatre arpens de terre qu'il acquerra du prix de cet excédent. Citons-en une preuve.

Voici le dialogue entre un propriétaire de la Franche-Comté et son fermier que des affaires appelaient tout récemment à Paris. *Chez vous le blé coûte-t-il cher?* lui demande le propriétaire. — *Oui , monsieur , le prix s'en élève comme ailleurs. — Eh bien! comment faites-vous ? —* Nous le vendons. *— Et vous vivez ?..... — Parbleu nous vivons de notre maïs, après avoir vécu en partie cet hiver de nos pommes-de-terre.* Le dialogue a dû finir là, parce que si, aux meilleurs raisonnemens , on oppose les plus mauvaises objections, on n'en a point à opposer à des faits aussi palpables. Certes, quand un pareil homme, au lieu de sa pomme-de-terre, dont il n'a pu jouir que pendant un tems, pourra ajouter à son maïs nos produits; cet homme narguera, à plus forte raison, famine et disette.

On cultivera, disons-nous, moins de froment : oui; mais alors s'étendra la culture des prairies naturelles et artificielles, dont les défriches préparent de si abondantes récoltes en avoine, en froment, etc. En Normandie, l'arpent d'herbage ne s'afferme-t-il pas à un prix beaucoup plus haut que l'arpent en blé de la Beauce, qu'on achette 1000 ou 1200 francs, et qu'on loue 25 ou 50?

En France, les grands propriétaires qui sont, pour la plupart, totalement étrangers à l'agriculture, ne connaissent que les bois, les prairies naturelles et le froment; ils ne voyent qu'une augmentation de revenus dans un bail à renouveler, et, avant tout, l'intendant voit un *pot-de-vin*. Quant à ce bail, dont la durée sera la plus courte possible, on le confie au notaire, qui y insère sur-tout pour clause la condition de jachérer, et quelques autres de cette nature qui frappaient de stérilité d'abord le tiers de la France, pour ne pas dire moitié, par l'absence des prairies artificielles, auxquelles on a été si long-tems à consentir.

Sachons citer les Anglais quand ils nous offrent de sages et d'utiles leçons en administration économique ; car c'est de nous , c'est de notre Flandre , qu'ils ont reçu les premières leçons agricoles. En Angleterre , un fils hérite du domaine de son père , c'est à l'époque d'un bail à renouveler , il en propose un de longue durée , et au lieu de pot-de-vin , il s'informe du fermier , des améliorations à faire ; il y en a pour 50,000 francs , et la terre en rapporte 25,000 ; il abandonne à cet effet les deux premières années de fermage , et il fixe l'augmentation du revenu de sa terre d'après les améliorations auxquelles il a coopéré. La terre , le fermier et le propriétaire gagnent à cet arrangement , tandis que dans le cas contraire la terre s'appauvrit , etc. , etc.

Alors le fermier nourrira plus de chevaux , plus de bestiaux , de porcs , de volailles ; et le peuple des campagnes pourra se permettre l'usage de la viande , aliment que commande l'économie animale.

Dans le nord de l'Empire , on cultive beaucoup moins de froment qu'en Beauce , en Picardie , en Brie , etc. , et c'est ce nord qui cependant a alimenté , cette année , les contrées où il y avait pénurie.

Mais aussi ont-ils leur orge dont ils font du gruau ; c'est du pain de seigle qu'ils mangent , et il s'en consomme peu , en raison de la forte consommation qui s'y fait de choux et de tout légume. Leurs champs couverts de blé , les Pays-Bas seraient beaucoup moins heureux qu'en multipliant ainsi leurs bases alimentaires.

L'homme qui travaille a également besoin de liqueurs spiritueuses, vin, bière, cidre, eau-de-vie ; s'il lui était permis d'en user, il en abuserait moins : l'usage des choses s'oppose à leur excès.

Les céréales plus abondantes , parce qu'il en consommerait moins , pourraient lui procurer constamment ces esprits de grains , dont on est forcé d'interdire la fabrication du moment où les grains renchérissent ; et dans les pays du nord, où l'engrais du bétail est principalement fondé sur les résidus de la distillation , le prix de la viande renchérit du moment où cesse l'engraissement.

Des accidens auxquels le blé est exposé.

Les végétaux, en se perfectionnant par la culture, perdent une partie de leur vigueur, et se trouvent exposés à des maladies que, dans leur état sauvage, ils ne connaissent point. Il en est ainsi des animaux domestiques et de l'espèce humaine, dont le perfectionnement est altération dans l'ordre de la nature.

Comment le blé ne manquerait-il point parfois à l'homme, puisque ce grain, qui maintenant appartient à tous les climats, a tout à en redouter pendant sa végétation ?

Le sort des récoltes dépend de l'influence des saisons; ou trop humides ou trop sèches, elles lui sont préjudiciables ; l'absence des neiges et des gelées lui nuit essentiellement, et quelquefois de cette gelée si salutaire, si elle succède à un dégel, comme en 1740, il résulte la perte des récoltes.

Souvent le blé est attaqué sur pied par des insectes, qui y déposent leurs œufs pour se reproduire l'année suivante. (1)

Est-ce la sécheresse qui le surprend, l'extra-

______

(1) C'est ainsi que , pendant plusieurs années de suite , les blés du Poitou furent attaqués , dans le cours de leur végétation , par un insecte qui déposait son germe dans le grain , pour ensuite ce grain devenir , à la grange et au grenier , la pâture du ver naissant.

Le Gouvernement , désirant prévenir les suites funestes du retour de ce fléau pour la récolte suivante et pour les récoltes à venir , nous chargea , M. *Parmentier* et moi , de remplir ses vues sur cet objet important , et nous publiâmes nos observations (*).

C'est à l'état de chenille que M. le contrôleur-général nous fit parvenir l'insecte dont il s'agit , et qui a été reconnu être celle du *papillon de nuit*, décrit par *Linné* sous le nom de *phalœna tritici*.

______

(*) Mémoire sur les accidens que les blés de la récolte de cette année ont éprouvés en Poitou , et moyens d'y remédier ; par MM. *Parmentier et Cadet-de-Vaux , imprimé par ordre du Roi*, à Paris , 1785.

vasion de la sève occasionne la *rouille*, il a le *charbon* à craindre. C'est l'excès des chaleurs de l'année dernière qui, ayant surpris le grain au moment de sa maturité, ne lui a pas permis d'en parcourir lentement le cercle; il en est résulté une diminution considérable de qualité et de produits.

Parlons de la grêle à laquelle ne se dérobe point une plante croissant à la surface de la terre. C'est la veille de leurs récoltes qu'en 1787 les blés ont été hachés sur pied. (1)

Parlons aussi de ces pluies qui, aux approches de la récolte, versent le froment, le seigle, et fatiguent excessivement le grain et la paille : trop heureux quand il ne germe pas dans sa balle. (2).

---

(1) A l'époque de ce météore orageux, accompagné d'une grêle énorme, lequel traversa la France et s'étendit sur une partie de l'Europe, *Cretté de Palluel* et moi fûmes nommés commissaires du Gouvernement pour aller visiter les ravages que la grêle avait exercés sur le territoire de Rambouillet. Nous vîmes la terre jonchée de la plus belle récolte de froment ; il allait être moissonné lorsque la grêle vint battre ce blé sur le sol même qui l'avait produit. Nous conclûmes à ce qu'on labourât pour enfouir paille et grain, et réensemencer ainsi ce même froment dont pas un seul épi ne devait entrer à la grange, sauf à éclaircir au printems s'il se trouvait excès de semence. Ce moyen fut justifié par la bonté de la récolte de l'année suivante.

(2) Quel fléau que celui de blé tout-à-la-fois germé dans sa balle et carié ! Un pareil grain ne peut que très-difficilement se

Nous avons précédemment parlé de la carie, qui, pendant plusieurs années de suite, a dévoré une partie de la récolte ; fléau, avons-nous dit, qui se représente lorsque les circonstances de la saison sont défavorables à la végétation, et qui peut être si facilement prévenu ; mais il faut l'autorité de la loi. Dans le nombre de celles que Numa donna aux Romains, plusieurs avaient pour objet l'agriculture : une de ces lois récompensait les laboureurs vigilans dont la terre était le mieux cultivée, et elle prononçait une amende contre celui dont la négligence compromettait la subsistance publique. Or l'économie en France obtiendra d'un autre *Numa* ces lois protectrices.

Des diverses qualités du même froment.

Dans un Empire aussi vaste que la France, le blé diffère essentiellement de lui-même ; dans

---

moudre ; sa farine ne se conserve point ; elle fait un pain violet et se panifiant mal, et sur-tout nuisible à la santé. Ce froment deviendrait une semence bien infidelle et qui propagerait d'autant plus la carie, qu'il est déjà très-altéré.

Deux fois on a vu reparaitre ce fléau sur la fin du siècle dernier, sur-tout en Picardie ; ce qui a été l'objet de missions dont le Gouvernement me chargea ; car enfin on remédie à partie de ces inconvéniens par le lavage et ensuite la dessiccation des grains : c'est dans cette circonstance que le chaulage par immersion atteste son efficacité.

le midi, sec, glacé, pesant, il absorbe beaucoup d'eau au pétrissage; dans le nord, ce sont toutes qualités opposées. Les contrées plus tempérées admettent également des différences; la Beauce et la Picardie, assez voisines, donnent la première un blé ferme, la seconde un blé tendre.

Les anciens, nos premiers maîtres en économie, savaient apprécier ces différences dans la qualité des blés, ainsi que leurs vertus plus ou moins nutritives : c'est ainsi que l'Attique convenait mieux à l'orge qu'au froment, et que ce dernier, tout en donnant un pain fort agréable, nourrissait beaucoup moins que les blés de la Béotie; aussi était-ce deux cinquièmes de plus du blé de l'Attique que les athlètes béotiens consommaient à Athènes.

Il n'en est pas ainsi de notre base alimentaire : la double coction qu'elle subit, et l'évaporation de son eau de végétation, rendent toutes les espèces de pommes-de-terre identiques et également nourrisantes. Il est permis de saisir les côtés faibles de son adversaire, et le froment en est un puissant qu'on m'oppose.

§ II. *Du Seigle.*

Le seigle a partie des mêmes accidens à redouter; s'il se dérobe à la carie, il est exposé à

l'ergot, qui en fait un aliment nuisible. On est
redevable à **M.** *Tessier* d'observations intéressantes sur cette maladie du seigle et sur l'espèce
de maladie gangreneuse qui résulte de pain fait
avec du seigle ergoté.

Voilà donc les deux céréales, vraiment panifiables, dont les avantages sont compensés par
de bien graves inconvéniens, tandis que la
pomme-de-terre confie au sein de la terre même
sa production. Dans ce nombre innombrable
d'insectes, il y en a peu qui s'y attachent;
son suc l'en défend. Les météores n'exercent
sur elle que très-peu d'influence; la terre meuble
et légère, qui lui convient de préférence, laisse
écouler l'excès des pluies.

C'est en vain qu'on chercherait une objection
contre la préférence que, dans plusieurs contrées, on donne à la culture de la pomme-de-
terre sur les frumentacés, et il est peut-être
permis de s'étonner de cet empire de l'habitude
qui, ayant consacré en France l'usage des céréales à l'état de pain, n'a pas, pour les époques
de disette, laissé concevoir l'idée d'aller puiser
dans la pomme-de-terre cette mine si féconde
d'une farine qui est également suceptible de panification; enfin cette idée d'augmenter ainsi la
masse panaire des céréales, que les circonstances m'ont fait réaliser cette année. Je m'étais,

en 1810, borné à l'indiquer comme une expérience dont le succès n'était pas problématique.

§ III. *Produits comparés de deux arpens, l'un ensemencé en blé et l'autre planté en pommes-de-terre.*

Argent et produit sont une seule et même chose, puisque l'un est la représentation de l'autre.

Comparons d'après cela les produits de deux arpens l'un en blé, l'autre en pommes-de-terre, sous le double rapport de production et d'aliment.

L'arpent ensemencé en blé.

Admettons l'arpent de 100 perches à 20 pieds, et une récolte de 5 setiers, la semence prélevée ; or beaucoup de terres à froment ne donnent point ce produit ; mais nous supposons une petite culture et elle est plus productive ; *cultivez des champs exigus,* dit Caton.

Le setier à 240 liv., les cinq font 1200 liv. Le setier donne par la mouture économique :

Farine.	180
Issue.	55
Déchet.	5
	240

Ce qui fait 900 livres de farine, lesquelles feront 1200 livres de pain; poids égal à celui du blé, dont le quart de son, issue et déchet est remplacé par le quart d'eau que la farine retient après sa conversion en pain.

Mais nous avons observé que pour le paysan, son setier de blé pesant 240 livres ne lui rend pas à beaucoup près 240 livres de pain, en raison de la mouture rustique qui produit moins en farine, ainsi que de la friponnerie du meunier.

En fixant à deux livres et demie de pain par jour la nourriture du petit cultivateur, c'est 912 livres qu'il consomme par année.

S'il a femme et un enfant, à une livre et un quart seulement, c'est 912 autres livres.

En sorte que propriétaire de 4 à 5 arpens, dont deux semés en blé, voilà les deux arpens qui ne donnent que la nourriture d'une famille de trois têtes, en supposant encore une ampliation alimentaire de légumes verts et secs, etc. Il reste, il est vrai, 200 livres sur les 2400, mais ce douzième est la part du meunier et le défait occasionné par la mouture rustique.

Mais beaucoup de journaliers dans les campagnes et beaucoup de manouvriers dans les villes, mangent de trois à quatre livres de pain; admettons, l'un portant l'autre, trois livres et demie ; c'est plus que la récolte de l'arpent, et c'est ce que mangerait notre mendiant, s'il ne s'enivrait pas au moins une fois par jour.

Combien, encore une fois, peu de gens réfléchissent sur cette différence vraiment effrayante entre une aussi faible recette et une dépense aussi énorme ! Est-ce du seigle, de l'orge, du sarrasin ? Le produit en fût-il plus fort, ces grains sont moins nutritifs que le froment.

Puissent enfin ces réflexions influer sur l'amélioration du régime alimentaire des classes qui sont principalement l'objet de cet ouvrage !

L'arpent planté en pomme-de-terre.

On sait que toute culture dépend essentiellement de la qualité du sol auquel on confie la plante, de l'influence des saisons, des soins qu'on lui donne, c'est ainsi que le froment, ne donnant qu'un maître épi et deux ou trois tardillons, rendra à-peu-près le double de sa semence, lorsque le même grain, par la réunion des circonstances favorables à sa végétation, donnera vingt beaux épis.

Il en est ainsi de la pomme-de-terre, dont il est difficile d'apprécier le produit en grande culture et plantée à la charrue ; cependant il est bon de se rappeler qu'on a obtenu cinquante setiers par arpent du sol de la plaine des Sablons.

C'est à trente milliers qu'on évalue le produit du même arpent planté en betterave, ce qui fait pour l'hectare 60000, et ce produit d'un hectare en betterave a été estimé jusqu'à 73000 kilogrammes.

Le cultivateur récolte souvent sans peser ou mesurer; mais qu'il mesure la récolte de notre arpent, si la pomme-de-terre a été plantée à trois pieds de distance et dans des fosses profondes, lorsque la nature du sol le permet; si elle est butée deux et jusqu'à trois fois, mais sur-tout si on étend les tiges pour les recouvrir de terre, au lieu de les laisser s'élever verticalement, car alors il se forme deux ou trois joncs de racines et de tubercules sur la longueur de la tige ainsi enfouie dans une terre meuble; alors aussi on peut compter sur une récolte double et triple de la pomme-de-terre cultivée avec moins de soins.

En sorte que dans un bon sol, par une bonne constitution de l'année, et sur-tout en petite culture, c'est cent setiers par arpent, un setier par perche, qu'on est sûr d'obtenir; le setier du poids d'environ 300 livres, cela fait par arpent trente milliers.

La dessiccation réduisant le cent pesant de

ces tubercules à trente livres, reste par setier 90 livres, et pour les cent setiers, 9,000. Celui qui est riche peut donner, et la réduction fût-elle d'un et même de deux neuvièmes, en raison d'une moins bonne culture, toujours sera-ce un fort approvisionnement de nos produits.

Voici donc, *au lieu de* 900 livres de farine que donne l'arpent en blé, 9000 livres d'une substance également farineuse et savoureuse, la plus alimentaire et en même tems la plus productive de toutes, pouvant s'approprier, sous ses diverses formes de légume, de farine et de gruau, à tous les usages de l'économie domestique.

Mais c'est spécialement au maïs que nous l'assimilons, parce que tous deux, à l'état de farine, forment *gaude*, *polenta*, *millasse*, etc., noms que, selon les diverses contrées dont le maïs fait l'aliment, on donne à ces bouillies et pâtes.

Le maïs absorbe deux ou trois fois son volume de véhicule aqueux; c'est aussi ce qu'absorbe notre farine, selon le plus ou moins de consistance de son apprêt.

Toujours est-il que si une livre à cet état de dessiccation, n'est point suffisante pour la nourriture d'un journalier, elle peut suffire à celle d'une réunion d'individus de tout sexe et de tout âge, telle que l'est une famille.

Mais concédons une livre et demie par jour pour chaque individu, ce qui, pour l'année, fait 550 livres.

Or ce sera cinq livres de pomme-de-terre que représente notre livre et demie; et sa coction, sa dessiccation l'ont rendue beaucoup plus alimentaire qu'elle ne l'est étant récente.

Si nous la panifions, elle sera moins nourrissante qu'en polenta, ce qui a lieu pour toute farine convertie de bouillie en pain : mais toujours nos 24 onces donneront-elles deux livres de pain; et c'est tout ce que peuvent consommer les individus réunis de la famille.

Il résulte donc de ces produits comparés du froment et de la pomme-de-terre sous les rapports de production et d'aliment, qu'il faut deux arpens en blé pour nourrir une famille de trois individus, et que les 36,000 de produits de nos deux arpens en pomme-de-terre, nourriraient une réunion de 34 individus.

CHAPITRE XIII.

RÉSULTATS DES NOUVELLES APPROPRIATIONS DE LA POMME-DE-TERRE EN FAVEUR DE L'ÉCONOMIE DOMESTIQUE.

L'HABITANT des campagnes travaille pour vivre, heureux encore quand il vit du produit de son labeur ! Sa subsistance et celle de sa famille absorbent tout son gain : quelle économie lui offre notre nouvelle base alimentaire ! et combien n'ajoute-t-elle pas à ses ressources ! Quelques perches cultivées en pomme-de-terre auront assuré son existence. Nous lui avons indiqué dans un article précédent l'emploi de nos produits ; son nouveau régime alimentaire a été réglé par l'économie.

Mais c'est du pain qu'il faut à l'habitant des campagnes, et du pain fait avec son blé ou avec le blé qu'il achète.

L'époque des labours et des semailles suspend-elle l'approvisionnement des marchés, le grain plus rare se maintient plus cher ; cepen-

dant il n'ira pas chez le farinier s'approvisionner, c'est toujours du blé qu'il achètera et fera
moudre.

De la mouture des céréales.

L'HABITANT des campagnes ne calcule pas la
perte du tems pour aller au marché ainsi qu'au
moulin, souvent éloignés l'un et l'autre de chez
lui ; toutefois *son tems fait partie de son
champ*. Quelquefois forcé de laisser son grain
chez le meunier, ce sera un second voyage pour
aller le rechercher, ou un jour de perdu à attendre qu'il puisse engrainer ; car il veut être à
son blé et le voir moudre : quoique présent il
n'en est pas moins volé.

Cette inculpation est étrangère à ceux-là qui,
exerçant leur profession en grand, sont d'honorables commerçans ; mais dans ces moulins
montés en mouture économique, on ne moud
pas pour un ou deux setiers.

Encore si le paysan livrait son blé et en recevait la mouture au poids (1) ; mais il ignore ce

____

(1) Ce serait une loi très-morale, parce qu'elle éclairerait
l'infidélité des meuniers, et conséquemment très-favorable à l'intérêt de l'habitant des campagnes, que la loi qui établirait des
balances et poids dans tous les moulins. Cette loi régierait les
produits de mouture, et se réduirait à deux seuls articles. Alors
les intérêts de toute une commune ne seraient pas sacrifiés à la

que doit lui rendre le setier de blé : savoir, 180 livres de toutes farines, 55 livres de son et issue, enfin 5 livres de déchet. S'il a livré 240 livres, poids du setier, il doit remporter 235 livres.

C'est ainsi qu'il mange son pain beaucoup plus cher qu'il ne l'achèterait.

Mais il nous reste à comparer la mouture et la conservation de notre farine avec celle du froment.

De la mouture de la farine de pomme-de-terre par dessiccation.

Notre pomme-de-terre cuite et séchée doit être moulue pour se convertir en farine et gruau.

Mais cette mouture n'exige pas de meunier : l'habitant des campagnes a son moulin à pomme, il aura de même son moulin à farine ; ou le moulin appartiendra à la commune ; mais un moulin domestique coûtant peu, cela donnera

cupidité et à la mauvaise foi des meuniers. L'économie domestique réclame cet ordre de choses qui ne peut avoir lieu qu'autant qu'il sera obligatoire. Je n'ai jamais pu obtenir des meuniers qui m'environnent la condition de livrer mon blé au poids, en leur payant même un double prix de mouture ; refus qui avouait, disons le mot, leur friponnerie. Alors je vendais mon blé et j'achetais de la farine ; et c'est ce à quoi le paysan ne peut pas se résoudre.

la facilité de ne moudre qu'au jour le jour, et selon le besoin ; en outre on pourra y moudre les autres grains qu'on voudra associer à nos farines de pomme-de-terre.

Ainsi le propriétaire, le petit cultivateur, en hiver où il est souvent sans travail, pourra préparer sa farine, et par-là il s'affranchira de la mauvaise foi de celui à qui il confie son grain, ainsi que de la dépense en tems et en argent qu'exige sa mouture.

De la conservation des farines de céréales.

Les farines de céréales sont, en général, difficiles à conserver, malgré des soins constans de manutention.

Car combien de causes concourent à l'altération sur-tout des farines de froment, dont les principes constituans sont susceptibles d'attirer l'humidité de l'air et de la retenir opiniâtrement, ce qui est le premier élément de la fermentation !

L'année d'ailleurs influe particulièrement sur la qualité de la farine de froment. A-t-elle été humide, et sur-tout le blé a-t-il éprouvé un premier degré de germination dans sa balle, par les pluies qui le surprennent au tems de la récolte ? la farine est tendre et s'échauffe ; elle mollit, se marronne, et le gluten s'y détruit. La cupidité cherchant à tirer parti d'une telle farine entièrement marronnée, la fait remoudre, et *un tel pain peut devenir poison* (1).

On a imaginé des étuves pour la dessiccation des grains ainsi que des farines, et c'est une forte dépense pour ne faire, le plus souvent, que reculer leur détérioration ; car le tems détruit promptement quand il n'améliore pas.

De la conservation des produits de la pomme-de-terre réduits en farine.

La pomme-de-terre desséchée, son gruau, sa farine, ainsi que celle obtenue par extraction,

---

(1) Antérieurement à la révolution, il y eut une mortalité au dépôt de Saint-Denis ; les détenus périssaient sans que la médecine pût en assigner la cause : on en accusa *l'air*, *l'eau* et *les lieux*. J'y fus envoyé par le Gouvernement, que la malveillance avait été même jusqu'à calomnier. Enfin j'interrogeai le pain : il y en avait de deux espèces, dont l'un, et c'était celui des détenus, me laissa au gosier une sensation âcre ; dès-lors j'accusai les farines. Le pain était beau et blanc ; mais les farines donnaient à peine vestige de matière glutineuse. Assisté d'un Commissaire ordonnateur des guerres, je fis évacuer ces farines des magasins, et la force armée les accompagna à une amidonnerie. Cette farine fut analysée de nouveau à l'Ecole de Boulangerie, en présence du Comité : le marché de l'entrepreneur fut cassé. La mortalité cessa dès la semaine suivante ; un meilleur pain rendit à la vie les individus qu'aurait conduits au tombeau la continuité de cet aliment. C'est là un des effets qui résultent d'entreprises dont les bénéfices ont souvent pour base la détérioration de l'aliment ; et on respectait ces marchés scandaleux !

ne sont susceptibles d'aucune altération; elles ne redoutent point l'humidité atmosphérique, comme n'étant point hygrométriques, et n'exigent conséquemment d'autre soin que d'être déposées dans des sacs ou des tonneaux pour être préservées de la poussière et de l'approche des animaux; elles se conserveront pendant plusieurs années consécutives.

De la confection du pain.

La panification n'est réellement un art que dans les villes; il est ignoré dans les campagnes où, même avec de bon grain, on mange le pain moins bon, parce que sa bonté dépend en grande partie de sa bonne fabrication.

La voûte des fours y est beaucoup trop élevée, ce qui fait une croûte épaisse et coriace; ils sont mal bouchés; on ne sait pas conduire les levains; il faut plus que la force d'une femme pour bien pétrir; enfin on y fait mal le pain, mais toujours faut-il y employer tems, peine et soins.

N'hésitons point à croire que nos produits une fois connus du paysan, et lui offrant un aliment qui n'exige qu'une légère cuisson, il ne les substitue parfois au pain.

Dans la saison des travaux, chauffer le four

sur-tout en été est une rude corvée et une consommation de bois qu'on regrette. Autrefois il
existait des fours banaux qui économisaient les
sept-huitièmes de combustible , et dans lesquels
le pain se cuisait constamment bien ; or donc la
ménagère y regardera à deux fois pour faire une
fournée de pain dans la canicule , et elle en re-
culera le moment.

Lorsqu'elle aura sous sa main un boisseau de
nos produits , dont elle préparera en quelques
instans un excellent potage , sa famille et ses
domestiques lui redemanderont parfois de cet
aliment plus savoureux et aussi nutritif que ces
soupes trempées de plus de mie que de croûte ;
car ce n'est pas par la croûte que brille le pain
de campagne , qui souvent trempe mal , parce
qu'il est *trop doux levé* , ou qu'il a passé
à l'aigre.

Mais toujours faudra-t-il du pain ; or , je le
répète encore, l'association de nos farines avec
celles de seigle et d'orge , procurera un pain
égal au moins en bonté à ces pains de grains
mélangés dans lesquels on laisse bien quelques
criblures. *Cela fait farine*, dit le paysan. Il
n'y a point de criblures dans nos produits ; ils
sont identiques et donnent un pain invariable ;
c'est nécessairement celui que la ménagère devra
préférer en été , comme étant susceptible de

se conserver frais pendant deux et trois semaines de suite.

Economie des contrées méridionales.

COMBIEN cette conversion de la pomme-de-
terre en base alimentaire, susceptible d'une telle
conservation, doit être généralement adoptée
dans nos provinces méridionales, telle, par
exemple, la Provence où la végétation si rapide
et la reproduction si hâtive font passer dès le
mois de juillet la pomme-de-terre à la germination! alors elle devient nulle pour l'époque où
elle est la plus utile.

Ce n'est pas qu'on ne puisse replanter la
pomme-de-terre dans cette saison; mais les chaleurs et les sécheresses semblent s'opposer à cette
seconde récolte.

Ces contrées auront pour bases alimentaires,
froment, maïs et nos produits, dont portion sera
destinée à la nourriture des animaux, plus rare
dans les pays méridionaux que dans les régions
tempérées.

Economie des contrées septentrionales.

DANS les pays du nord où la pomme-de-terre
est plus spécialement en honneur, et où par

son association avec le lait, le beurre, le poisson et sur-tout la chair du porc, elle joue à-peuprès le rôle de base alimentaire, on en pourra aisément perpétuer l'usage pour l'année entière.

Le gruau, que nous allons tout-à-l'heure obtenir de notre pomme-de-terre desséchée, y tiendra lieu de ce gruau d'orge si visqueux, qui trouble et blanchit le bouillon gras auquel il dérobe son arôme et qu'il affadit; ce gruau déshonore les meilleurs potages que le nôtre ennoblira.

De l'approvisionnement domestique.

Que de motifs pour faire approvisionnement de nos produits, qui nourrissent l'homme et les animaux! propriété que nulle base alimentaire ne possède au même degré.

Le proverbe dit *provision*, *profusion*. Oui, dans la maison du mauvais ménager; mais le bon économe le sera-t-il moins que l'abeille qui ne mesure pas sa provision de miel sur ses besoins de l'année, et qui, si la suivante devenait contraire, trouve dans ses rayons de quoi subsister?

Dans la maison du sage et vertueux économe, si son approvisionnement excède les besoins de sa famille, il pourra en soulager l'indigence.

Tant d'avantages semblent devoir provoquer de tout économe une grande extension de la culture en pomme-de-terre, et son intérêt le lui commande.

D'ailleurs ce n'est pas toujours le froment, c'est la basse-cour qui paye le fermage, et le cultivateur, en nourrissant plus d'animaux, aura plus d'engrais pour ce même froment; enfin, en consommant moins de céréales, il en aura plus à vendre.

Forcé d'étendre la culture des prairies artificielles pour nourrir plus de gros bétail, la viande, plus abondante et moins chère, pourra paraître, ainsi que dans nos contrées du nord, sur la table du peuple, et la livre de viande nourrit plus que deux livres de pain.

Avec une telle abondance alimentaire, le fort cultivateur peut occuper un plus grand nombre d'ouvriers; il emploiera de vieilles femmes, de jeunes enfans, à épierrer, à échardonner; enfin dans son canton l'enfance nourrie n'ira plus s'emparer du grand chemin pour mendier.

Cette tâche envers le pauvre laborieux étant acquittée, le surplus de l'approvisionnement tournera au profit de la basse-cour, pour y nourrir un plus grand nombre de volailles, de porcs, etc.

Ce sont les dix-neuf-vingtièmes de la popula-

tion des Empires qu'embrasse l'économie domestique des campagnes; et c'est à cette classe
immense de parties prenantes que sur-tout nous
offrons nos nouveaux produits; classe si consommatrice et si imprévoyante. Non, non :
quoi qu'on en dise, il y a des climats et des saisons où la nourriture de l'oiseau n'est rien moins
qu'assurée, à plus forte raison celle de l'homme !
or il n'y a pas de ménage rural qui ne puisse se
préparer une provision toujours subsistante de
cette nouvelle base alimentaire, aussi savoureuse
que nutritive ; il savait bien vivre de pomme-
de-terre fraîche, il la regrettait au moment où
elle venait à lui manquer. Eh bien ! c'est elle
que nous lui rendons, mais avec des appropriations qui la feront préférer par la classe populeuse et sur-tout par celle des journaliers, à la
pomme-de-terre en nature. Ce sera un choix
d'instinct qui lui fera préférer un aliment aussi
substantiel à ces tubercules fraîches dont le suc
aqueux gorge son estomac ; et le corps courbé
vers la terre, il n'éprouvera plus ces flattuosités,
ainsi que ce retour précipité d'une faim que
satisfait mal la pomme-de-terre, comme lestant
plus qu'elle ne nourrit.

Mais, encore une fois, qui propagera ces
moyens auxiliaires contre la disette, si ce ne
sont les cultivateurs, les propriétaires, les curés,

enfin les hommes libéraux ? car, à coup sûr, ce ne sera pas l'autorité : cependant le gouvernement aura beaucoup fait pour la propagation de ce nouveau mode alimentaire, en l'admettant pour les établissemens publics.

C'est sur-tout aux femmes que l'on doit confier ce nouveau dépôt de la subsistance domestique.

La ménagère, bonne économe de tems et de combustible, saura bien aussi préférer un aliment qu'elle préparera en un quart d'heure, à d'autres légumes souvent si lents à cuire, et même à la pomme-de-terre qui ne laisse pas d'exiger du tems pour sa cuisson. La voici cuite une fois pour l'année entière, et même pour plusieurs années de suite.

Ce qui favorisera principalement la propagation de ce mode alimentaire, c'est de le voir admis sur la table de l'honorable aisance et même du riche, où ne paraissait quelquefois la pomme-de-terre que pour compléter le service, et où elle peut reparaître dorénavant comme mets appétissant ; car, dans le cours de mes expériences, j'aurai réuni dix ou douze jurys pour prononcer sur l'emploi de ces produits sous leurs formes diverses.

Ainsi donc que la mère de famille fasse plus que de nourrir le pauvre, qu'elle donne à la classe laborieuse des campagnes l'exemple de cette adoption de nos produits ; car rien de puissant comme l'exemple qu'on reçoit de la vertu , lorsque déjà ses conseils sont des oracles. Une bonne mère de famille devient dans une commune rurale la Providence personnifiée.

Le prolétaire ne calcule pas, ainsi que fait le riche, le nombre de ses enfans ; en sorte que ce n'est pas une postérité qui lui manque ; c'est le moyen de la nourrir, et si la famille n'a que strictement de quoi vivre, elle ne vit pas , parce qu'une nourriture saine et abondante est à l'homme ce que l'engrais est à la terre : dans le cas contraire, le champ souffre et le paysan languit.

L'homme est le premier des instrumens aratoires : instrument qui s'aiguise avec des alimens sains, de bon pain, de la viande; et il faut qu'ainsi que son hoyau, il soit en état de suffire à son travail; on ne réatelle pas le limonier sans lui avoir donné sa ration d'avoine, et le chien de chasse, le cerf pris, est sûr de sa curée.

La politique dit, *le salut du peuple est la suprême loi ;* et l'économie en dit autant de sa santé, procurons-lui donc une extension alimentaire qui contribue à son bonheur; or sa subsistance assurée ainsi que celle de sa famille constitue ce bonheur-là.

Le prolétaire, disons-nous, ne travaille que pour vivre : mais avec cette ressource alimentaire dont le prix est d'un sol et quelques deniers la livre, et dont une livre et demie par tête de la famille suffit à sa nourriture, il se ménagera quelques économies.

Alors du fruit de son travail il pourra se procurer et aux siens des vêtemens qui le défendent des intempéries ; son habitation sera plus saine, il y règnera plus de propreté, et la propreté est la gardienne de la santé ; tous ne coucheront plus dans le même lit : cette cohabitation de l'enfant et de l'aïeule est très-mal saine ; chaque animal, sous un même toit, a sa litière. Les besoins de première nécessité ne sont pas très-dispendieux. Sur-tout il ne trouvera plus longue la vie de ses vieux parens qui lui avaient abandonné, à titre de subsistance, le champ qu'il cultive et qui ne peut souvent plus les nourrir.

La morale, la pitié filiale se rattacheraient-elles donc au nouvel ordre de choses que mon zèle et ma conviction provoquent ? Oui, sans doute.

Les enfans de notre prolétaire, mieux nourris, mieux élevés, car, ne mendiant plus, ils pourront fréquenter les écoles si désertes dans les pays malheureux ; ses enfans, dis-je, deviendront des soldats meilleurs et plus vigoureux, lorsque la patrie les appellera à sa défense ; enfin, s'il a une légère contribution à payer, il l'acquittera sans murmure.

Cet ordre heureux de choses, je l'ai vu régner dans nos départemens du Nord, de la Dyle, de la Roër, du Haut et du Bas-Rhin.

C'est là que le paysan est bien vêtu et bien nourri, *tout en consommant peu de pain ;* mais il associe des viandes à ses racines potagères et à cette même pomme de-terre qui fait la majeure partie de sa nourriture : aussi joint-il la corpulence et la force à la santé. Il est inutile d'ajouter qu'il est laborieux ; rien n'attache plus au travail qu'un champ bien productif.

Ses chevaux, ses équipages sont dans un bel état ; on ne rencontre pas sur les routes le paysan frappant du bâton le compagnon de ses travaux affaibli souvent par le manque de subsistance ; tout ce qui environne l'homme heureux participe à son bonheur.

On ne voit pas notre homme, dans un chemin moins roulant, pousser à la roue et s'atteler au brancard ; son chariot a le nombre de chevaux nécessaires ; mais on le voit aux relais partager son pain avec ces bons serviteurs ; le fouet lui sert de contenance, et l'entretien de la mèche de ce fouet n'est pas pour lui une dépense, comme elle en est réellement une pour nos bourreaux de charretiers, dont le fouet qu'ils tiennent constamment sur l'animal, retombe souvent sur leurs semblables, ce qui donne lieu à des rixes qu'on ne rencontre point ailleurs.

Dans ces heureuses contrées, les jours de fêtes offrent dans les villages une population entière couverte de vêtemens étoffés, de bonnes chaussures, de linge blanc; enfin tout y respire aisance et contentement.

C'est ainsi que d'un bien naissent d'autres biens; notre chaîne et ses anneaux! Quels contrastes affligeans offrent tant d'autres pays!

Non : l'adoption de cette nouvelle base alimentaire et les avantages qui peuvent en résulter, ne sont point un de ces rêves que, dans son origine, on reprochait à la science économique, dont cependant la plupart se sont réalisés. Ici les faits, les calculs, les analogies, la théorie, qui n'est à proprement parler qu'un faisceau d'expériences antécédentes, semblent prévenir toute objection.

Ce n'est pas non plus un rêve de la philanthropie, que cette substance alimentaire à si bas prix, que la bienfaisance, que la charité, n'hésiteront point à donner à l'indigence.

Combien il sera doux à l'homme riche de ré-

trécir son parc ou son jardin anglais de deux arpens qui, plantés en pomme-de-terre, lui donneront de quinze à dix-huit mille livres de nos
produits ! avec quel empressement il s'achemi-
nera vers son domaine si les gelées printan-
nières, si la grêle, si la sécheresse, ayant exercé
des ravages sur les propriétés de ses vassaux, il
avait à offrir à ces malheureux un pareil approvisionnement !

CHAPITRE XIV.

CONCLUSIONS.

Il n'y a pas une habitation que le champ qui l'avoisine ne puisse approvisionner de nos produits ; au milieu de l'abondance générale, il y a constamment disette pour nombre de familles laborieuses, et la faim ne sera plus pour elles que l'effet de l'imprévoyance ; mais l'homme n'attachera-t-il donc jamais de prix aux choses qu'en raison de la rareté, de la cherté et de la difficulté de les acquérir ?

En effet, c'est de l'Afrique que l'Europe tire une partie de ses blés ; c'est de l'Amérique Septentrionale qu'elle tire une partie de ses farines ; les greniers de l'Angleterre sont hors de l'Angleterre ; en sorte que c'est aux hasards de la mer, de la guerre, et aux spéculations commerciales, que l'ancien Continent souvent expose la subsistance qu'il tire du Nouveau Monde, lorsqu'il n'a que le bras à étendre sur le champ dépositaire d'une substance qu'il lui est si facile de convertir en une base alimentaire

qui les supplée toutes ; car toutes, si on en excepte le froment, qui lui-même est susceptible
de beaucoup d'exceptions, n'ont peut-être sur
nos produits que leur droit d'ancienne origine
et d'une longue habitude ; or l'habitude, la plus
incurable des préjugés, repousse sans examen
toute innovation. Mais pour mieux apprécier
la préférence que la pomme-de-terre mérite
comme base alimentaire, transportons - nous au
milieu d'une peuplade de sauvages qui se réunit
pour former une nation nouvelle. Le navigateur
qui en entreprend la civilisation, a débuté par
couvrir le sol des diverses bases alimentaires,
parmi lesquelles ils auront à déterminer leur
choix. On a conséquemment cultivé froment,
seigle, orge, maïs, sarrasin, riz, enfin la
pomme-de-terre : admettons le châtaigner indi-
gène chez ces insulaires, et que, déjà, ils s'en
nourrissent.

Guidés par le goût et par cet instinct qui,
plus prononcé chez le sauvage que chez l'homme
civilisé, le dirige plus sûrement sur le choix des
alimens, il n'y a pas de doute que ces sauvages
ne préférassent les produits alimentaires que
leur offre la pomme-de-terre, ne fût-ce que sous
le rapport de la culture.

En effet, elle se borne à un trou dans lequel
on dépose un tubercule qui, recouvert de terre,

ne demande qu'un binage et un buttage ; un hoyau suffit , et pour la récolte une fourche qui, en servant à fouiller la pomme-de-terre, laisse le champ labouré. Si ensuite on enfouit, lit par lit, dans une fosse , terre, fanne et tiges , on a un engrais suffisant pour d'autres cultures. Il n'y a que celle du maïs qui se rapproche de cette simplicité ; mais le maïs est exposé à des accidens que la pomme-de-terre n'a point à redouter , si ce n'est une extrême sécheresse.

Il n'en est pas ainsi de la culture des céréales : c'est une charrue attelée de chevaux ou de bœufs non-encore domptés, une herse, un rouleau ; il y a la préparation de la semence, le semis qui exige une main exercée ; la moisson , des meules ou une grange ; ensuite le moulin, la bluterie : moudre est un art. Le sauvage est bien paresseux , et voici une culture bien compliquée ; il lui reste un four à construire et son pain à faire ; enfin le blé n'a rendu que six ou huit pour un.

Sera-ce le riz ? c'est sous l'eau qu'il croît, et de la rizière ainsi inondée, s'élèvent des vapeurs pestilentielles ; en sorte que c'est de la vie que souvent on paye l'aliment destiné à la soutenir.

Quant à la récolte de la châtaigne , elle a été si souvent infidèle à nos sauvages qu'ils y renoncent.

Dès-lors, ayant à faire un choix parmi ces bases alimentaires diverses, il n'y a pas de doute que la pomme-de-terre ne fixe celui de notre peuplade, comme assurant sa nourriture et celle des animaux qu'elle va soumettre à la domesticité. Vivant de chasse, il dépeuplait la contrée, et désormais ce sauvage, entouré d'un plus grand nombre d'êtres animés qu'il lui sera si facile de nourrir, éprouvera la jouissance de répandre ainsi la vie autour de lui.

Il fallait une circonstance qui éloignât momentanément l'abondance, pour opérer cette heureuse révolution dans le systême alimentaire de l'espèce humaine; mais l'économie ne trouve pas toujours, pour répondre à sa voix, un écho aussi fidèle que l'est le Ministre auquel le Monarque a confié la partie des subsistances, et dont la sage administration aura si heureusement franchi l'espace de ces tems difficiles; car que peut la sollicitude des amis de l'économie, si l'autorité ne la partage point ?

Si donc sur la fin d'une carrière dont, déjà, dix lustres ont été entièrement consacrés à l'économie et à l'humanité souffrante, je vois, comme je l'espère, mes vœux se réaliser sur l'adoption de cette nouvelle base alimentaire, j'emporterai au tombeau la douce jouissance d'avoir assuré pour tous les tems, pour toutes les classes laborieuses et indigentes, un pain d'excellente qualité, et d'avoir par là opposé à la famine une barrière que pourra seule franchir l'imprévoyance de l'économie publique et de l'économie privée.

FIN.

TABLE.

FIN DE LA TABLE.